技能人才创新素质激发研究

杨若邻　著

中国财经出版传媒集团
中国财政经济出版社
·北京·

图书在版编目（CIP）数据

技能人才创新素质激发研究 / 杨若邻著. -- 北京：中国财政经济出版社，2024. 3

ISBN 978 - 7 - 5223 - 2882 - 9

Ⅰ. ①技…　Ⅱ. ①杨…　Ⅲ. ①技术人才－人才管理－研究－中国　Ⅳ. ①G316

中国国家版本馆 CIP 数据核字（2024）第 024201 号

责任编辑：彭　波　　　　责任印制：史大鹏

封面设计：孙俪铭　　　　责任校对：张　凡

技能人才创新素质激发研究

JINENG RENCAI CHUANGXIN SUZHI JIFA YANJIU

中国财政经济出版社 出版

URL：http：//www. cfeph. cn

E - mail：cfeph@ cfeph. cn

社址：北京市海淀区阜成路甲 28 号　邮政编码：100142

营销中心电话：010 - 88191522

天猫网店：中国财政经济出版社旗舰店

网址：https：//zgczjjcbs. tmall. com

中煤（北京）印务有限公司印刷　各地新华书店经销

成品尺寸：170mm × 240mm　16 开　16 印张　233 000 字

2024 年 3 月第 1 版　2024 年 3 月北京第 1 次印刷

定价：78. 00 元

ISBN 978 - 7 - 5223 - 2882 - 9

（图书出现印装问题，本社负责调换，电话：010 - 88190548）

本社图书质量投诉电话：010 - 88190744

打击盗版举报热线：010 - 88191661　QQ：2242791300

前　言

随着经济的加速发展、产业结构的转型升级，全社会对创新素质较高且能用所掌握的先进技术工艺和高超技能解决关键生产技术难题的技能人才的需求出现了爆发式增长。创新素质是技能人才开展创新活动的内在根据。创新素质较高的技能人才，能够更好地使用新材料、新工艺和新设备，具有更强的技术设计、移植和改造等能力，在推动我国自身技术的升级、引进技术的消化以及新技术、新工艺创新过程中能发挥出更大的作用。如何有效激发技能人才创新素质，这既是实施创新驱动发展战略的基础性安排，也是落实党的二十大提出“加快建设国家战略人才力量，努力培养造就更多大师、战略科学家、一流科技领军人才和创新团队、青年科技人才、卓越工程师、大国工匠、高技能人才”目标的重要举措。

技能人才担负着试验检验、生产制造、保障维修等重要任务，尤其在提升科技含量和保障产品质量方面是企业不可多得的宝贵财富。扎根生产一线工作的经历使技能人才最清楚生产实际中存在的问题、最了解生产过程中急需的改进，解决生产中存在于关键技术、工艺及流程等方面问题的意愿最强，因此其创新潜力很大。在新时代背景下，中国正处于由制造大国向制造强国迈进的发展阶段，推进“中国制造2025”，实现新旧动能转换，都需要以全面提高技能人才创新素质为根本。经济新常态下产业结构优化升级使对于专业技能精深、善于解决生产实际中技术难题的技能人才需求呈现出飞速增长态势。而目前我国技能人才严重短缺的现状与我国现代化建设十分不相适应。技能人才数量不多，市场中技能人才的供给状况远远达不到市场的需求数量，满足不了市场的需要。总量供给不足、创新素质不高，导致国家整体创新力不强。因此，有效激发技能人才创新素质是保证人才强国及创新驱动发展战略实现的基础条件，是推动经济社会发展的主要动力来源。

本书遵循“明确依据—模型构建—量表开发—方案设计—实证检验—机制构建”的研究思路首先进行理论阐述，界定基本概念，并使用知识图谱进行外文和中文文献计量，聚类创新素质影响因素，根据影响因素的层次和逻辑联系，构型技能人才创新素质激发模型。其次，收集技能人才创新素质内容条目，形成技能人才创新素质内容结构的理论构想，以理论构想为基础，通过预测试、探索性因子和验证性因子构建技能人才创新素质正式量表。再次，使用结构方程方法通过模型设计和研究假设探讨变革型领导与技能人才创新素质作用机制以及技能人才创新素质与其创新绩效作用机制，根据分析结果验证技能人才创新素质激发模型中组织和个人层次各变量对技能人才创新素质的影响效果。最后，根据分析结果，构建包括诱导机制、引导机制和支持机制的从国家、组织和个人三个层次的技能人才创新素质激发机制。

整个过程综合运用文献分析、访谈法、知识图谱和构型法等方法开展研究，研究内容包括三个方面。

研究内容1为技能人才创新素质激发模型构建。在梳理相关理论基础、界定核心概念的基础上，使用知识图谱法进行文献计量，聚类创新素质核心词汇。根据核心词汇之间的逻辑联系和技能人才创新素质激发的内在机理构型技能人才创新素质激发模型，并文献探寻模型中各变量在激发模型中的影响作用。技能人才创新素质激发模型包括个体、组织和国家三个层次。模型将变革型领导和内生动机作为前因变量，工作投入和创新绩效作为结果变量形成个体层面，将组织创新战略和组织创新氛围作为情境变量形成组织层面，政策法律、社会文化、知识管理、财政金融、公众认可形成国家层面。个体层次的变革型领导、内生动机、工作投入和创新绩效变量以及组织层次的组织创新战略、组织创新氛围构成了技能人才创新素质内部激发系统。其中，变革型领导、内生动机和组织创新战略构成创新素质诱导机制。工作投入、组织创新氛围和创新绩效构成创新素质引导机制。国家层面的政策法律、社会文化、知识管理、财政金融和公众认可变量构成技能人才创新素质外部激发系统，形成支持机制。诱导机制、引导机制和支持机制共同构成创新素质激发模型。

研究内容2为技能人才创新素质量表开发。通过国内外文献和技术性文献分析以及行为事件访谈获得技能人才创新素质内容结构的理论构想，并以理论构想为基础形成技能工人创新素质初始量表。通过预测试净化题项、探索性因子分析和验证性因子分析探析量表结构和验证题项构成、信效度检验最终确定技能人才创新素质正式量表。技能人才创新素质正式量表包括29项基础条目、7项一阶因子、3项二阶因子的技能人才创新素质量表。其中，创新基础二阶因子包括基本品质、职业操守2项一阶因子和踏实肯干、细致认真、服从意识等9项基础条目，创新基础体现了技能人才创新活动中坚守的准则和品质要求，反映了创新素质体系最核心最深层次的本质，解释了“为什么做”的问题；创新实践二阶因子包括人际交往、问题处理、生产实践3项一阶因子和成果推介能力、分析能力、生产作业能力等13项基础条目，创新实践体现出技能人才创新活动的具体行为，表达了创新素质体系的表象特点，描述了“能做什么”的问题；创新指引二阶因子包括精神感知、人格特质2项一阶因子和开拓精神、发散思维、意志力等7项基础条目，创新指引反映了技能人才在创新活动中内在的精神理念和思想品质，明确了“想做什么”的问题。编制的技能人才创新素质量表实现了与定性研究内容结构理论框架的有效匹配，且信度和效度较好，可以为后续的研究提供参考的测量框架。

研究内容3为技能人才创新素质激发机制形成。实证分析变革型领导、技能人才创新素质与其内生动机及组织创新战略之间的作用机理以及技能人才创新素质与其创新绩效、工作投入及组织创新氛围之间的作用机理，根据各变量对技能人才创新素质激发的显著性情况构建技能人才创新素质诱导机制和引导机制，从组织和个人层次对技能人才创新素质实施激发。同时，构建支持机制从国家层面对技能人才创新素质进行激发。最终形成从国家、组织和个人三个层面全方面通过诱导机制、引导机制和支持机制多角度的技能人才创新素质激发机制。其中，诱导机制和引导机制形成技能人才创新素质企业激发机制，是创新素质活力的根本动力，是决定技能人才创新行为实施效果的企业内部决定因素。创新素质诱导机制具有素质激发导航功能，具体对策包括积极倡导变革型领导方式、提升技能人才的内生动机、建立完善的组织创新战略。引导机制是技能人才实施创新的行为要素，具体对策包括健全人才的绩效评价机制、引导技能人才投入工作中、营造积极的组织创新氛围。支持机制是企业外部影响因素，确保创新素质激发的重要外部条件，对于技能人才创新起到加速或延缓的作用，具体对策包括完善政策法律支持、夯实社会文化支持、搭建知识管理支持、丰富财政金融支持、扩大公众认可支持。

本书的创新主要体现在理论、观点和方法三个方面。理论创新包括技能人才创新素质内容结构构建、量表开发和技能人才创新素质激发模型的提出。观点创新包括技能人才创新素质及内涵提出、技能人才创新素质影响因素各变量之间相互关系的验证以及技能人才创新素质激发机制的构建。方法创新包括综合使用知识图谱法和构型法相结合形成技能人才创新素质激发框架以及运用文献法、访谈法和问卷调查法相结合开发技能人才创新素质量表。

本书撰写的过程中，参考了部分文献，在此谨向所有的文献作者表示深深的感谢！由于本人学识有限，另外，研究有关技能人才创新的资料相对匮乏，不足之处在所难免，欢迎各位专家及学者提出宝贵意见。

杨若邻

2023 年 12 月

目　录

导 论

一、研究背景和意义

（一）研究背景

“创新是一个民族的灵魂，是一个国家兴旺发达的不竭动力”。党的二十大提出“实施创新驱动发展战略”，创新驱动的实质是人才驱动。技能人才是实体经济基石，率先适应和引领经济发展新常态，需要依靠大量具备创新素质的技能人才。技能人才不仅掌握先进技术工艺和高超技能并且能够解决关键生产技术难题。中共中央、国务院印发的《新时期产业工人队伍建设改革方案》中提出“突出要造就一支有理想守信念、懂技术会创新、敢担当讲奉献的宏大的产业工人队伍”。技能人才的创新素质发挥既是一个综合运用多种技能来改善现有技术、开发新工艺、创造新产品的过程，同时也是一个将技术创新最终转化为产品、服务、管理和效益的过程。因此，进行技能人才创新素质激发不仅能够更好落实党的二十大提出的“建设知识型、技能型、创新型劳动者大军，让各类人才的创造活力竞相迸发、聪明才智充分涌流”目标，而且能通过创造新产品和新工艺优化整个社会生产函数，获取更多的技术红利，推动社会进步。

1. 技能人才在经济社会发展中作用凸显。技能人才在经济新常态下产业结构优化升级的过程中发挥着推动技术创新、促进科技成果转化和提高企业竞争力的独特作用。在推动技术创新及其成果向现实生产力转化的过程中技能人才扮演着重要骨干力量的角色，作为主力军为提高产品和服务质量、提升企业竞争力、推动社会经济发展发挥着重大作用。

技能人才担负着试验检验、生产制造、保障维修等重要任务，尤其在提升科技含量和保障产品质量方面是企业不可多得的宝贵财富。没有技能人才，再好的设计，都无法变成现实的产品；再先进的设备，也无法发挥其应有的功效。经济社会发展的实践证明，技能人才是企业技术创新活动的关键群体，是我国经济发展的支柱力量，保障着我国国民经济的良性运转。

2. 新时代对技能人才创新素质提出需求。在新时代背景下，中国正面临着由制造大国向制造强国迈进的发展阶段，在此阶段制造业广泛集成应用以移动互联网为代表的网络化、数字化、智能化信息技术，将生产过程、生产设备与人建立起紧密联系。制造业的网络化、数字化、智能化已经成为下一片蓝海，制造业技术、产品、工艺、服务的全方位创新，在生产“智造”的过程中，对技能人才提出了迫切需求和更高要求。推进“中国制造 2025”，实现新旧动能转换，都需要以全面提高技能人才创新素质为根本。较高创新素质的技能人才，能更好地使用新材料、新工艺和新设备，具有更强的设计、移植和改造等能力，在推动我国自身技术的升级、引进技术的消化以及新技术、新工艺的创新中能发挥更大的作用。

3. 技能人才是创新驱动发展的有生力量。技能人才长期在生产一线工作，他们试验和践行着将创新技术成果转化为实际生产力。扎根生产一线工作的经历使技能人才最清楚生产实际中存在的问题、最了解生产过程中急需的改进，解决生产中存在于关键技术、工艺及流程等方面问题的意愿最强，因此其创新潜力很大。技能人才凭借自己的技能从事产品生产、技术研发及工艺改进来切实为企业创造效益，如以北京航天焊接状元高风明等为杰出代表的这些技能人才始终坚守在生产一线开展技术革新，在推动企业技术创新的同时还创造出了显著的社会和经济效益。

4. 我国技能人才较为缺乏且创新力不强。经济新常态下产业结构优化升级使对于专业技能精深、善于解决生产实际中技术难题的技能人才需求呈现出飞速增长态势。而目前我国技能人才严重短缺的现状与我国现代化建设十分不相适应。技能人才数量不多，市场中技能人才的供给状况远远达不到市场的需求数量，满足不了市场的需要。总量供给不足，创新素质不高，导致国家整体创新力不强。人的工作绩效取决于他的素质和激发水平，素质是取得绩效的基本保证。具有较强创新素质的技能人才是创新驱动发展、建设制造强国的有生力量，高水平产业要依托高质量技能人才打造。因此，有效激发技能人才创新素质是保证人才强国及创新驱动发展战略实现的基础条件，是推动经济社会发展的主要动力来源。

（二）研究意义

在生产力的诸多要素中人最具决定性，因此在经济建设和社会发展中发挥基础性、战略性和决定性作用的因素是人才。在各类型人才中，技能人才是技术工人队伍中的骨干，他们在提升企业自主创新能力、推动产业结构优化升级的过程中发挥着重要作用。影响技能人才为提升企业自主创新能力而进行创新活动的因素有多种，其中创新素质是其有效开展创新活动的内在因素。

理论上，扩展现有创新理论的研究范畴。技能人才源自生产一线的创新潜力之所以巨大，是因为任何一个创新的理念、任何一个好的设计，最终必须依靠工人的劳动特别是技能人才的双手来实现。他们肩负着技术改良与革新、成果转化与应用的职责和使命，在新时代企业的生存和发展中起着基础性作用。现有创新研究主体集中在技术人才方面，更多关注其突破性创新对经济社会的影响，而对于技能人才的研究，则主要集中在人才培养方面。现有理论文献对技能人才创新的研究较为缺乏，与技能人才推动经济社会发展、推动技术创新和科技成果转化重要作用的现实严重不相匹配。本书是关于技能人才创新素质激发的研究，有利于科学、全面地认识和利用技能人才的创新素质，为研究技能人才创新提供借鉴和参考。员工激发的目的是调动其积极性，为企业创造更大的价值，因此，本书理论上最重要的价值在于针对技能人才这一群体展开关于创新素质激发的有针对性研究。它揭示技能人才素质激发作用机制，丰富了现有创新主体的范畴，能够为未来技能人才创新相关理论与实证研究的开展奠定基础、开拓思路。同时，也为进一步全方位发展创新学科提供具有参考价值的理论指引，深化现有创新理论体系的研究。

在实践中，为技能人才创新管理提供依据。随着时代的发展，对支撑科学技术进步和产业结构转型升级的技能人才需求的数量及层次结构发生着深刻的变化。本书促使整个社会重视技能人才这一重要创新主体，他们是员工队伍的主体，这支队伍内在素质和技能高度决定着有形产品质量，进行技能人才创新素质激发的研究，既顺应发展时势，也深得民意。技能人才创新素质量表将抽象而复杂的创新素质研究到可分解和定量测量阶段，一方面企业可使用此量表作为一种测评工具，对技能人才实施广泛的测评，选拔具有较大创新潜力的技能人才并加以培养；另一方面企业还可以将这一量表作为一种有效的诊断工具来应用，对本企业技能人才在创新素质各维度上的表现进行定期了解，对本企业技能人才创新素质变化的轨迹与趋势予以动态掌握，进一步为企业在技能人才在创新素质管理实践中需要重点从事的活动和需要改善的具体领域提供决策依据。本书成果的应用不仅能够有针对性地对企业和国家技能人才创新实施管理，还能够对社会生产力的进步起到直接的促进作用。本书成果的应用还有助于优化我国人才资源结构从根本上提高其他生产要素的利用与配置效率，从而推动经济社会的全面发展和进步。

二、研究内容和研究思路

（一）研究内容

本书的研究目的在于：（1）构建技能人才创新素质的内容结构和度量量表；（2）从整体系统观的思路研究技能人才创新素质协同激发问题。围绕着该目的，整个研究主要内容为三个方面，如图 0－1 所示。研究内容 1 为构建技能人才创新素质激发模型。在梳理相关理论基础、界定核心概念的基础上，使用知识图谱法进行文献计量，聚类创新素质核心词汇。根据核心词汇之间的逻辑联系和技能人才创新素质激发的内在机理构型技能人才创新素质激发模型，并文献查找模型中各变量在激发模型中的影响作用。研究内容 2 为开发技能人才创新素质量表。通过开展国内外文献和技术性文献分析以及行为事件访谈获得技能人才创新素质内容结构的理论构想，并以理论构想为基础形成技能人才创新素质初始量表。通过预测试净化题项、探索性因子和验证性因子探析量表结构和验证题项构成、信效度检验最终确定技能人才创新素质正式量表。研究内容 3 为形成技能人才创新素质激发机制。实证分析变革型领导、技能人才创新素质与其内生动机及组织创新战略之间的作用机理以及技能人才创新素质与其创新绩效、工作投入及组织创新氛围之间的作用机理，根据各变量对技能人才创新素质激发的显著性情况构建技能人才创新素质诱导机制和引导机制，从组织和个人层次对技能人才创新素质实施激发。同时，构建支持机制从国家层面对技能人才创新素质进行激发。最终形成从国家、组织和个人三个层面通过诱导机制、引导机制和支持机制多角度的技能人才创新素质激发机制。

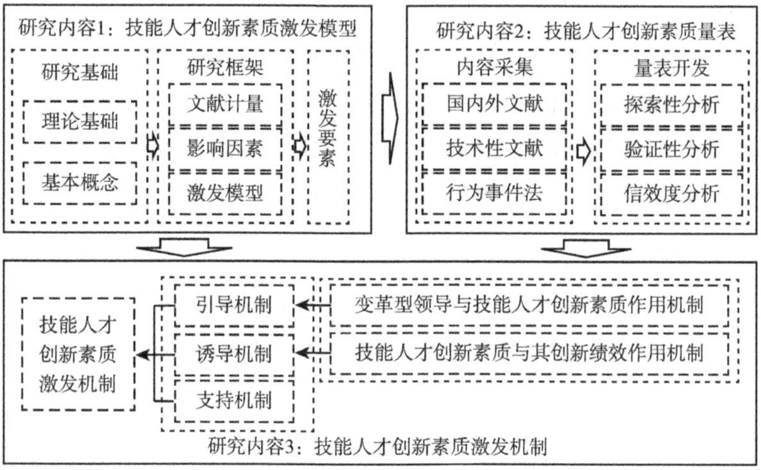

图 0－1　本书的研究内容

整个研究主要研究内容分章节概括如下。

导论，阐述技能人才创新素质激发的选题背景和选题意义，确定研究的主要内容、基本思路和研究方法。

第一章，技能人才创新素质激发相关理论。首先，开展技能人才创新素质激发的文献综述。其次，界定相关基本概念。最后，梳理技能人才创新素质激发的相关理论基础。

第二章，基于知识图谱的技能人才创新素质激发模型构建。首先，进行知识图谱分析；其次，借助 Citespace 软件对创新素质影响因素进行国内外文献计量，根据文献计量要素之间的逻辑联系构型个体、组织、国家层面技能人才创新素质激发模型研究框架；最后，对研究框架中涉及的技能人才创新激发各要素进行理论阐述。

第三章，技能人才创新素质内容结构及量表开发。首先，运用扎根理论，通过技术性文献阅读和行为事件访谈采集技能人才创新素质初始内容条目，采取专家“背靠背”讨论形成技能人才创新素质内容结构的理论构想；其次，以理论构想为基础构建技能人才创新素质初始量表，确定调查对象开展问卷调查，通过预测试净化量表题项、探索性因子和验证性因子改善量表结构和验证题项构成、信效度检验；最后，确定技能人才创新素质正式量表，为后续的研究提供参考的测量框架。

第四章，变革型领导与技能人才创新素质作用机制。首先，根据理论模型提出研究假设，分析技能人才内生动机、变革型领导与技能人才创新素质的关系及组织创新战略的调节作用；其次，设计问卷，在量表预测试的基础上，验证各量表的科学性；最后，开展大规模问卷调查，实施信效度检验、同源偏差检验、描述性统计与相关性分析等数据分析，检验直接效应、中介效应、被调节的中介效应等研究假设，验证技能人才创新素质激发理论框架中变革型领导、内生动机等前因变量的影响。

第五章，技能人才创新素质与其创新绩效作用机制。首先，根据理论模型提出研究假设，分析工作投入、创新素质与创新绩效的关系及组织创新氛围的调节作用；其次，设计问卷，在量表预测试的基础上，验证各量表的科学性；最后，开展大规模问卷调查，实施信效度检验、同源偏差检验、描述性统计与相关性分析等数据分析，检验直接效应、中介效应、被调节的中介效应等研究假设，检验技能人才创新素质与其创新绩效作用机制，验证技能人才创新素质激发理论框架中创新绩效、工作投入等结果变量的影响。

第六章，技能人才创新素质激发机制及对策。首先，根据变革型领导与技能人才创新素质作用机制实证结果形成诱导机制，技能人才创新素质与其创新绩效作用机制实证结果形成引导机制，设计组织和个人层面的技能人才创新素质激发机制；其次，在此基础上，从国家层面设计技能人才创新素质激发支持机制，形成技能人才创新素质激发整体机制；最后，根据各整体机制具体要素，分别提出了积极倡导变革型领导方式、健全人才的绩效评价机制、建立和完善政策法律支持等具体对策，构建技能人才创新素质激发机制具体对策内容。

第七章，总结与展望。对整个研究的基本结论和创新点进行总结，并分析研究的局限性和未来研究的方向。

（二）研究思路

本书围绕技能人才创新素质激发这个主题，第一，在激励理论、创新理论、人才理论和胜任力素质模型理论的基础上，界定技能人才、创新素质、创新素质激发等概念；第二，使用知识图谱进行外文和中文文献计量，聚类创新素质影响因素，并根据影响因素的层次和逻辑联系，构型技能人才创新素质激发模型；第三，收集技能人才创新素质内容条目，形成技能人才创新素质内容结构的理论构想，以理论构想为基础构建技能人才创新素质初始量表，通过预测试、探索性因子和验证性因子最终确定了技能人才创新素质正式量表；第四，使用结构方程方法通过模型设计和研究假设探讨变革型领导与技能人才创新素质作用机制以及技能人才创新素质与其创新绩效作用机制，根据分析结果验证技能人才创新素质激发模型中组织和个人层次各变量对技能人才创新素质的影响效果；第五，以技能人才创新素质激发模型和实证研究结论为依据，构建技能人才创新素质激发机制，通过诱导机制、引导机制和支持机制对技能人才创新素质从国家、组织和个人三个层次进行全方位系统激发，如图 0－2 所示。

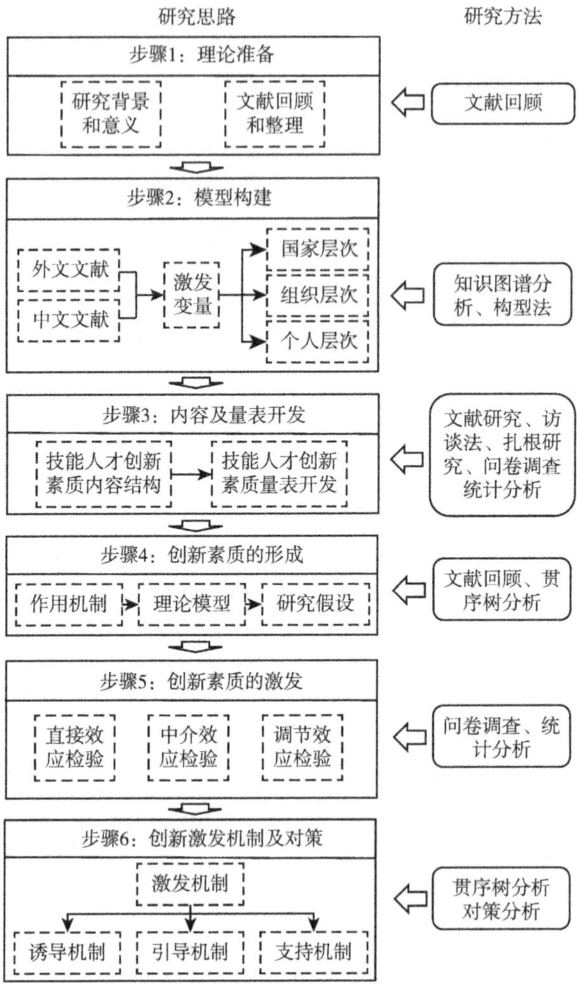

图0-2　本书的研究思路

三、研究方法

1. 文献分析和访谈法。检索 Google Scholar、EBSCO、Wiley、Emerald、JSTOR、WoS、CNKI 等数据库，结合人力资源和社会保障部及网络报道等对“中华技能大赛”技能人才先进事迹的报道材料，检索和梳理技能人才创新素质词条。对具有创新成果的技能人才实施行为事件访谈，采集技能人才创新素质条目，根据对访谈资料的编码和分析，提取技能人才创新素质词条。

2. 知识图谱和构型法。运用 Citespace 可视化软件进行创新素质中英文主题文献共被引分析和聚类分析，并绘制相应的知识图谱。在知识图谱辨析变量后，结合各变量所属影响层次，基于类型学的构型方法，理论推导和逻辑演绎各变量对技能人才创新素质激发效果进而构型技能人才创新素质激发理论框架。

3. 贯序树分析法。借助贯序树分析法或分类树分析法探测各创新素质影响变量所属层次，结合构型结果形成的技能人才创新素质激发理论框架，突出个体因素和组织因素在其中的跨层次交互作用以及国家因素的影响作用，为后续研究中作用机制构建、实证检验和技能人才创新素质激发机制的构建奠定基础。

4. 问卷调查和统计分析法。本书根据文献和访谈获取的技能人才创新素质条目、变革型领导与技能人才创新素质以及技能人才创新素质与其创新绩效作用机制研究假设整理出初始调查问卷，进行小样本预测试和问卷修订后最终形成正式问卷。基于结构方程技术，运用 SPSS、MPLUS 等统计软件，对测量工作的信效度、变量的相关性等进行分析，通过结构方程模型拟合检验、跨层分析、路径分析、Bootstrap 分析等方法检验研究假设。

第一章

技能人才创新素质激发相关理论

第一节　文献综述

一、技能人才创新素质

（一）国外研究

在国外的相关文献中，鲜有与“技能人才”相对应的概念，更无法找到与“技能人才创新素质”直接匹配的相关研究成果。前人的研究较多的是对人的“创造力”或“创造性”，如 creative mind、creative personality、creative thinking 等外延较窄概念的研究。在实际研究中，多数学者聚焦与“创新性”和“创造力”有关的认知方式、人格特质及实践技能①等创新特征从心理学的角度进行研究，认为创造力的产生不仅应当有“深厚的知识基础和精通某个特定领域的技能，还应有自身独特的认知方式来整合信息和利用已有的知识基础，以及在此过程中具备的态度、动机等系列人格因素”②，为“创新素质”研究提供理论依据。

在创新素质维度构成中，Koestler（1964）认为，创新素质主要从体现

① Jan D. , Canan C. , Ferdinand J. Knowledge workers' creativity and the role of the physical work environment [J]. Human Resource Management, 2011, 50 (11): 715 - 734.

② Feldhusen J. F. Creativity: aknowledge base metacognitive skill, and personality factors [J]. Journal of Creative Behavior, 1995, 22 (4): 255 - 268.

为思考能力的智力因素和体现为不同寻常思考能力的非智力因素两个维度展开。① Liu 等（2012）指出，把创新型人才的个性特征可以从创新意识、创新能力、创新质量三个维度来分解。② 日本学者进腾龙夫·恩彰等（2007）认为，由精力、魄力、热情和冲动性等要素集合而成的活力；由思考力、探索性、冒险性和发展行为等要素共同作用而成的扩力；由联想力、组合力和实际力组合而成的结力；再加上个性，这四种要素构成了创新人才。

还有很多学者总体阐述了创新素质内容。Torrance（1960）认为，知识、恒心、毅力、好奇心、观察力、记忆力、客观性、自学能力、怀疑态度、专心致志十个要素构成了创新人才。③ Guiford（1967）提出，敏感性、灵活性、流畅性、思维强度、综合能力、分析能力、问题的独创性、发现或改组新定义的能力等要素构成了创造者的特征。④ Sternberg 等（1996）认为，高创造力者具有获得认可而工作的愿望、得到认可的倾向、适度冒险精神、自我超越愿望、受内在动机驱动、克服障碍的意志及模棱状态容忍的 7 种人格特征。⑤ Montgomery（1993）研究发现，直觉好、主意多、形象思维、内外开放、自主性强、容忍度高、好奇心强、经验开放性、想象力丰富、善于发现问题、富有洞察力和创新精神是创新型人才人力资本特征的显著表现。Csilszentmihalyi（1997）⑥ 从个性张力的视角指出，高创造性个体具有既聪明又天真、既谦逊又自傲、既外向又内向、既想象又实际、既贪玩又遵守纪律、既反叛又传统、既幻想又有强烈的现实感、既经受着

---

① Koestler A. The act of creation [M]. New York: Dell, 1964.

② Liu D., Liao H., Loi R. The dark side of leadership: a three – level investigation of the cascading effect of abusive supervision on employee creativity [J]. Academy of Management Journal, 2012, 55 (5): 1187 – 1212.

③ Torrance E. P. Examples and rationales of test tasks for assessing creative abilites [J]. The Journal of Creative Behavior, 1968, 2 (3): 165 – 178.

④ Guilford J. P. Creativity: yesterday, today and tomorrow [J]. The Journal of Creative Behavior, 1967, 1 (1): 3 – 14.

⑤ Steinberg R. J., Lubart I. T. Investing in creativity [J]. American Psychologist, 1996, 22 (7): 677 – 688.

⑥ Csilszentmihalyi M. Creativity: floe and the psychology of discovery and invention [M]. New York: Harper Perennial, 1997.

工作挑战的痛苦又享受着工作挑战的快乐、既充满工作热情又极端地拒绝工作、既是充沛的体能者又是安静的休息者的 10 种人格特质。①

研究表明，创新的第一要素是人格特质，人格特质有利于个体有效运用知识技能并把稍纵即逝的想法转变为现实成果②。Guilford（1989）提出创造性人格概念，指高创造性个体在创造性行为中表现的品质类型③。创新人格是各种人格特征的聚集，是一种对开发性结果产生可供选择的解决方案④。心理学领域研究者（Galton，1869；Cattell，1903；Roe，1951）很早便开始以科学家、发明家等创新型人才群体为研究对象，对其创造性人格或认知特征进行研究，以揭示这类人群的某些共同性特征。经提炼，可将创新人格特质归纳如下：精确（Barron & Feist，2003）⑤、自信、乐观、好奇心、进取心（Csilszentmihalyi，1997）⑥、好胜心、敏感性、灵活性、独创性（Anit & Anat，2013）⑦、再生性、幽默感（Cruber & Davis，1998）⑧、爱好次序、敢冒风险、忍受模糊、力求完整、孤独性格（Simon，2001）⑨、富有想象力、坚持不懈、自我管理（Tardif & Sternberg，1988）⑩、

---

① Csilszentmihalyi M. Creativity：floe and the psychology of discovery and invention［M］. New York：Harper Perennial，1997.

② Anderson N. R.，Gasteiger R. M. Innovation and creativity in organizations［M］. Amsterdam：Amsterdam University Press，2008.

③ Guiford J. P. Traits of creativity：creativity and its cultivation［M］. New York：Humper and Publisher，1989.

④ Raja U.，Johns G. The joint effects of personality and job scope on in－role performance，citizenship behaviors，and creativity［J］. Human Relations，2010，63（5）：981－1005.

⑤ Barron F. X.，Feist G. J. Predicting creativity from early to late adulthood：intellect，potential，and personality［J］. Journal of Research in Personality，2003，37（2）：62－88.

⑥ Csilszentmihalyi M. Creativity：floe and the psychology of discovery and invention［M］. New York：Harper Perennial，1997.

⑦ Anit S.，Anat D. Z. Translating team creativity to innovation：the role of team composition and climate for innovation［J］. Journal of Management，2013，19（3）：684－708.

⑧ Cruber H. E.，Davis S. N. Inching our way up Mount Olympus：the evolving－systems approach to creative thinking［M］. New York：Cambridge University Press，1988.

⑨ Simon H. A. Creativity in the arts and the scientist［J］. Kenyon Review，2001，33（2）：78－103.

⑩ Tardif T. Z.，Sternberg R. J. What do we know about creativity［M］? Cambridge University Press，1988.

情绪稳定性、问题处理能力（Steinberg & Lubart，1996）①、兴趣爱好既广泛又专一。创新性人格特质显著的员工会把创新同自己的日常生活相融（Dewett，2007）②，为获得更优结果（Silvia、Ermanno & Tortia，2013）③，主动去探寻提升工作绩效（Kim、Hon & Lee，2010）④ 的新方法。

创造是持续学习和持久思考的必然结果（Simon，2001）⑤，知识是所有领域取得创新性成就的必须成分（Weisberg，1999）⑥。创新性工作得以成功完成技术是基础（Kosteas，2009）⑦，乐于实践的员工有更多的能量参与到创新活动中，激励员工充满信心地完成工作（Ng & Feldman）⑧。Slesinski（1991）在案例研究基础上总结创新型人才应具备工作尽其所能、善于收集信息且喜欢不同的知识和独特的经验等。Pinho 等（2016）认为，专门知识、宏观知识是创新人才应包括的要素。⑨

思维活动是创新的基础。Silvia（2013）认为，思维活跃、富有感情和直觉、对偶然性问题反应迅速是创新型人才一般性特征。⑩ 学者们认为，创新性思维的核心是发散思维⑪，发散思维具有流畅性、灵活性、独创性

① Steinberg R. J. , Lubart I. T. Investing in creativity [J]. American Psychologist, 1996, 25 (7): 677 -688.

② Dewett T. Linking intrinsic motivation, risk taking, and employee creativity in a R&D environment [J]. R&D Management, 2007, 37 (1): 197 -208.

③ Silvia S. , Ermanno C. , Tortia A. Satisfaction with creativity: a Study of organizational characteristics and individual motivation [J]. Journal of Personality and Social Psychology, 2013, 11 (8): 261 -284.

④ Kim T. , Hon A. , Lee D. Proactive personality and employee creativity: the effects of job creativity requirement and supervisor support for creativity [J]. Creativity Research Journal, 2010, 22 (7): 37 -45.

⑤ Simon H. A. Creativity in the arts and the sciences [J]. Kenyon Review, 2001, 15 (2): 203 -220.

⑥ Weisberg R. W. Creativity and knowledge: achallenge to theories [M]. New York: Cambridge University Press, 1999.

⑦ Kosteas V. D. Job level changes and wage growth [J]. International Journal of Manpower, 2009, 30 (8): 269 -284.

⑧ Ng T. , Feldman D. C. How Broadly does Education Contribute to Job Performance [J]? Personnel Psychology, 2009, 62 (3): 89 -134.

⑨ Pinho A. L. , Ullen F. , Catelo M. , Fransson P. , Manzano O. Addressing a paradox: dual strategies for creative performance in introspective and extrospective netwoks [J]. Cerebral Cortex, 2016, 26 (7): 3052 -3063.

⑩ Silvia P. J. , Beaty R. E. , Nusbaum E. C. Verbal fluency and creativity: general and specific contributions of broad retrieval ability factors to divergent thinking [J]. Intelligence, 2013, 41 (5): 328 -340.

⑪ Guilford J. P. Three faces of intellect [J]. American Psychologist, 1959, 14 (3): 469 -479.

和精致性的特征（Torrance，1963）[①]。除发散思维外，创新思维还包括聚合思维、横向思维、批判性思维等（Kosteas，2009）[②]，聚合思维能将不同的思维观点联系起来（Sternberg，1981），横向思维善于发现事物间的相同点和不同点（Shalley，Gilson & Blum，2014）[③]，敢于质疑社会规范的则是批判性思维（Bono，1963）[④]。

此外，还有诸如定义技能（Getzels，1979；Van，2007）、知觉技能（Smith & Garlss，1990；Dijksterhuit & Meurs，2006）；Dijksterhuis & Nordgren，2010）、知会技能（Finke & Ward，1996）、直觉能力（Davidson & Sterberg，1996）、信息处理技能（Vartanian，2003）、归纳推理技能（Kwiatkowski；2009）等认知技能与创造性有密切关系。良好的技术知识积累和思维认知方式促使创新性更加稳定（San，2011）[⑤]。

动机影响创新作用发挥，可使人将注意力保持在任务上[⑥]，降低被潜在工作中问题打击的可能性[⑦]。Barron（1958）以不同领域的科学家为样本的研究发现，独立判断、高度的自我力量、情绪的稳定性、爱好次序和精确、容易接受新事物是科学家共同具有的特质。[⑧] Thorne & Gough（1991）研究发现，独立性、自控力强、个性率直及富有好奇心是创新型人才具备的特征。Debbane 和 Mohr（2015）认为，创造性个体的特征包括冒险、独

① Torrance E. P. Scientific creativity: its recognition and development [M]. New York: Wiley, 1963.

② Kosteas V. Job level changes and wage growth [J]. International Journal of Manpower, 2009, 30 (5): 269 - 284.

③ Shalley C. E., Gilson L. L., Blum T. C. Interactive effects of growth and strength need strength, work context, and job complexity on self - reported creative performance [J]. Academy of Management Journal, 2014, 52 (3): 765 - 778.

④ Bono D. E. Lateral thinking - a textbook of creativity [M]. New York: Wiley, 1963.

⑤ San A. Creative self - efficacy: its potential antecedents and relationship to creative performance [J]. Academy of Management Journal, 2011, 45 (7): 137 - 148.

⑥ Sternberg R. J., Lubart T. L. An investment theory of creativity and its development [J]. Human Development, 1991, 34 (1): 1 - 32.

⑦ Choi J., Anderson T. A., Veillette A. Contextual inhibitors of employee creativity in organizations: the insulating role of creativity ability [J]. Group and Organization Management, 2009, 34 (8): 330 - 337.

⑧ Barron F. X., Feist G. J. Predicting creativity from early to late adulthood: intellect, potential, and personality [J]. Journal of Research in Personality, 1958, 37 (5): 62 - 88.

立、好奇心、洞察力、独创性、头脑开放、创造力感知、个人精力幽默感、被复杂事物或新异事物吸引等内容。[①] King 和 Anderson（2002）指出，个体创造性的动机特征包括自信、期待成功、智力超群、别出心裁、自我激励、不因循守旧和容忍不确定性和不明确性等方面。Dewett（2007）、Chen（2009）等提出，独立和自信是个体创造性特征的两个方面[②]。

（二）国内研究

与其他类型人才问题相比，国内有关技能人才创新研究的关注度偏低。使用中国知网、超新数字图书馆等中文文献搜索引擎以“技能人才创新”为题名进行文献检索，结果显示，与其完全匹配的研究极少。进一步扩展文献搜索范围，查阅与之相关的“创新型人才”“创新人才”文献资料中有“创新素质”“素质”相关内容的研究。

我国教育学家提出了具备综合素质才称得上是高素质人才的论述，他们在创新素质内涵的阐释上作出了显著贡献。陈佳洱（2003）认为，要同时对培养创新人才的创造能力和创新精神进行培养。朱清时（2006）提出，创新人才的素质包括完善的知识体系、持久的专业兴趣、浓厚的好奇心理、敏锐的洞察能力、聚焦的专注思维及亲和的个人品质六个方面。[③] 杨名声（2002）发现，创新人才是集能力、素质、精神于一体的人才，即具有信息能力、学习能力、研究能力和操作能力，具有较好的心理素质，具有敢于冒险、怀疑、批判的精神。朱洪波（2004）指出，创新人才具有热爱学习且知识广博、认知准确且持之以恒、勇于创新且开拓进取、敢于冒险且意志坚定四个显著特征。王树祥（2012）提出，创新人才需要具备

① Debbane M., Mohr C. Integration and development in schizotypy research: an introduction to the special supplement [J]. Schizophrenia Bulletion, 2015, 41 (2): 363 - 365.

② Chen C., Chen T., Horowitz M., Houb H., Liub Z., Pellegrinoa D. Towards an explanatory and computational theory of scientific discovery [J]. Journal of Informatics, 2009, 3 (3): 191 - 209.

③ 朱清时．注重创新素质，培养成功的创新型人才［J］．中国高等教育，2006（1）：12－14.

深厚的理论知识、开拓的思维模式、敏锐的洞察能力及独特的奇思妙想。① 郑其绪（2010）发现，创新人才都是创新意识强烈、知识积累丰富、身心素质健全的个体。和学新、张利钧（2007）等提出，个体的创新意识、精神和能力是创新人才的内在标准；个体的创新行为和成果则是创新人才的外在标准。② 王莹、赵天瑞（2023）认为，创新人才是具有创新精神、意识和能力的人才。③ “技能人才”是一个高频使用的概念，但是在《辞海》《现代汉语词典》和《教育大辞典》等重要辞书中，均未对这一概念作出界定，在《高级技能人才培养》《技能教育的理论与实践》《制度是如何演化的：德国、英国、美国和日本的技能政治经济学》等关于技能人才的重要著作中，也未见对这一概念的阐释。研究人员一般用能工巧匠、技术工人、技能型人才、技术技能人才、知识技能型人才、技术技能型人才、技能型人力资源、复合技能型人才、技能人才和高端技能型专门人才等概念来代替“技能人才”这一群体。还有一些文献研究者将“技能人才”当作一个默认的概念而不作任何解释，直接讨论其培养等问题。与通常意义上的人才比较而言，技能人才更突出其实际操作能力，主要指掌握专门知识和操作技能的知识工人（戴强，2003；王肖群，2006）。技能人才中具备较高创新素质的专业人才可称为创新型技能人才，一方面，作为创新型人才应该是在生产活动中能通过其本身较强的创新意识、思维、精神及能力来获得创新成果的研究型人才（王春辉，2010）④；另一方面，作为创新型人才应该是创新意识饱满、创新思维活跃、创新精神健全和创新能力强大且能在生产活动中取得创新成果的研究型人才（张振元，2013）⑤。以所拥有的经验、知识和技能含量的不同为依据，技能人才可以分为初级、中级、高级三种类别（孔宪香，2008）。

---

① 王树祥．文化创新：条件、特征和路径——基于文化哲学视角的分析［J］．人民论坛，2012(11)：168－169.

② 和学新，张利钧．关于创新及创新人才标准的探讨［J］．上海教育科研，2007（11）：12－15.

③ 王莹，赵天瑞．高校劳动创新型人才培养模式的探索与实践［J］．人才资源开发，2023(24)：38－40.

④ 王春辉．高技能人才成长路径及相关效果评价研究［D］．天津大学优秀硕博论文，2010.

⑤ 张振元．创新型高技能人才相关研究综述［J］．职业技术教育，2013（10）：22－29.

素质是基于人的先天生理基础，在后天教育和环境的影响下由知识逐渐内化形成比较稳定的心理品质①。对于创新素质维度的阐述，周瑛（2008）认为，素质分为一般素质和创新素质。董国强（2002）提出，创新素质包括思想素质、文化素质、业务素质和身心素质四个方面。② 高林（1999）认为，创新型人才是具有创新意识、创新能力、创新业绩的优秀人才，需要具备创新意识灵感和包含观察注意力、记忆理解力、思考想象力和实践创造力等内容在内的创新能力。③ 黄楠森（2000）指出，自觉的创新意识、缜密的创新思维和较强的创新能力是创新人才最根本的品质。④ 在创新型人才维度的研究上，有学者将其划分为创新的精神、意识、人格、品质和能力五个方面。还有学者基于结果导向维度，强调优良品质、创新意识、创新精神和创新能力。创新基础素质是技能人才在开展创新活动时直接依赖的基础素质。综合学者们对创新素质结构的论述，有包含智力和非智力素质（王黎莹、陈劲和阮爱君，2008）⑤ 的二维说，有包含创新动机、能力及品格（周敦文，2002）⑥ 的三维说，有包含人格特质、思维特征、知识素养和社会能力（房国忠和王晓钧，2007），或是包含创新意识、精神、品格及能力（丁辉，2010）⑦ 的四维说，还有包含创新基础、意识、精神、思维及人格的五维说（王养成和赵飞娟，2010）。由于技能人才创新活动主要体现在改造现有技术、移植成熟技术、提出新技术新工艺、创造新产品上（郭世田，2012）⑧，因此，本书从创新知识体系、创新意识、创新精神、创新能力、创新品格五个维度归纳总结技能人才创新素质构成。

---

① 周远清．素质·素质教育·文化素质教育——关于转变高等教育思想观念的再思考［J］．中国大学教学，2000（3）：4－6.

② 董国强，胡笑雨．论高师学生素质培养［J］．新乡教育学院学报，2003（9）：42.

③ 高林．论创新型人才成长规律［J］．中国人才，1999（6）：8－9.

④ 黄楠森．创新人才的培养与人学［J］．南昌高专学报，2000（1）：5－7.

⑤ 王黎莹，陈劲，阮爱君．创新型工程科技人才的胜任力结构及培养［J］．高等工程教育研究，2008（12）：32－41.

⑥ 周敦文．创新人才的素质结构分析［J］．中国地质大学学报（社会科学版），2002（12）：54－56.

⑦ 丁辉．浅析创新型人才的含义与特征［J］．当代教育论坛（管理研究），2010（5）：7－13.

⑧ 郭世田．当代中国创新型人才发展问题研究［D］．山东大学优秀硕博论文，2012.

新时期的技能人才在掌握着精深专业技术知识的同时，还掌握着精湛的技能，拥有着独立解决复杂性、关键性和超常规实际操作难题的能力①。技能人才产生创新行为的基础条件包括必需的专业知识、较强的操作能力、丰富的实践经验（何应林和宋兴川，2006）②。灵活应变、自主学习、知识的整合与迁移、良好的职业道德是促进技能人才实现持续创新的条件（张良，2012）③。同时，为技能人才工作顺利进行提供保障的还有良好的心理素质和健康的体魄（管平，2009）④。

驱动技能人才开始在生产实践中进行创新的是其内在的主动创新观念和意识。技能人才所表现出来的强烈创新兴趣、动机、信念（杨定勇，2002）⑤、欲求、探索（孙霞，2012）及追求，都是创新观念和意识的具体表现⑥。

创新精神是一种进取精神，可以促使技能人才增强创新意识，保持旺盛的创新斗志，进而激励和推动创新行为。创新精神包括开拓精神、冒险精神（颜晓峰，2001）⑦、务实精神、牺牲精神、科学精神、自主精神（杨名声，2002）⑧、探索未知、勇于创新、勇攀高峰、敢为人先的精神（施承洁，2023）⑨。

创新能力作为创新素质的核心要素对创新目标的达成度及创新活动的效率起着决定性作用，也是技能人才能够将抽象的创新概念付诸生产实际行动并转化为现实的一种能力。技能人才创新要得以实现，就必须具有推

---

① 郎群秀．高技能人才内涵解析［J］．职业技术教育，2006（3）：16－22.

② 何应林，宋兴川．高技能人才概念研究［J］．职教论坛，2006（1）：18－20.

③ 张良．职业素质本位的高职教育课程建构研究［D］．湖南师范大学优秀硕博论文，2012.

④ 管平．知识，能力，素质与高技能人才成长模式研究［J］．机械职业教育研究，2009（1）：35－43.

⑤ 杨定勇．知识经济与哲学创新信念［J］．高等教育研究，2002，18（4）：21－25.

⑥ 顾远东，彭纪生．技术创新效能感对技术创新绩效的影响——基于社会认知理论的分析［J］．中国科技论坛，2011（2）：21－26.

⑦ 颜晓峰．论创新精神［J］．山西师范大学学报（社会科学版），2001，28（4）：17－22.

⑧ 杨名声．创新与思维［M］．北京：教育科技出版社，2002.

⑨ 施承洁．中国式现代化背景下大学生创新精神培育的意义与实现路径［J］．创新创业与教育，2023，14（5）：81－86.

理能力、领悟能力、模仿能力、洞察思维能力、信息检索能力（石世宏等，2002）①，精准的注意力、记忆力，灵活的适应及应变能力（段海超，2014）②，以及人际方面良好的表达、沟通及组织协调能力（王洪才，2016）③，在技术研发上的观察、分析、判断和规律探求的能力（林健，2012）④，信息处理上的认知、理解、学习及实践能力（崔杰，2007）⑤。这些能力都是技能人才在创新实践活动中赖以进行启动和运行的操作要素。

品格是技能人才一定倾向性的相对稳定的个性化特征和心理行为模式⑥。不同的品格，对人的行为举止有不同的影响。积极的创新品格作为创新素质的内驱力对创新才能发挥十分有利。创新品格通常表现为坚定的信念和饱满的信心（龚尚猛，2011）⑦，浓烈的好奇心和旺盛的求知欲（阎国华，2019）⑧，深刻的洞察力和丰富的想象力（梁兴英，2001）⑨，直面困难的勇气和持之以恒的精神（卞华，2004）⑩，高度的自觉性和相对的独立性（王广民和林泽炎，2008），敢于担当的精神和精诚合作的品质（刘明耀，2016）⑪。

二、创新素质激发

（一）国外研究

国外学者对技能人才创新素质激发最早是以教育为载体进行的专门研

① 石世宏，张志红，傅戈雁，李岚．关于创新人才培养的几点思考［J］．机械工业高教研究，2002（4）：1－3.

② 段海超．基于知识管理的企业学习型组织建设研究［D］．北京交通大学优秀硕博论文，2014.

③ 王洪才．拔尖创新人才培养：理论、实践与挑战［J］．教育学术月刊，2016（12）：3－10.

④ 林健．卓越工程师创新能力的培养［J］．高等工程教育研究，2012（5）：1－17.

⑤ 崔杰．创新人才绩效的评价体系［J］．统计与决策，2007（15）：153－154.

⑥ 孙月琴，成秀萍，张斌．高等职业教育人才创新素质的评估与培养［J］．镇江师范高等专科学校学报，2003（4）：13－17.

⑦ 龚尚猛．基于“工作分析”的高技能人才素质指标设计［J］．企业活力，2011（11）：57－60.

⑧ 阎国华．工科大学生创新素质的提升研究［D］．中国矿业大学优秀硕博论文，2019.

⑨ 梁兴英．试论科技创新人才的培养造就［J］．理论学刊，2001（4）：121－123.

⑩ 卞华．影响企业人才创新素质的思想品德因素［J］．企业经济，2004（8）：61－62.

⑪ 刘明耀．论技能型创新人才及其培养［D］．东北大学优秀硕博论文，2016.

究。研究成果主要包括两个层次：一是通过高等教育和职业教育推动大学和职业技术学校改革来提高学生创新精神和实践能力（Hung & Leon，2007；Polesel，2010；Gomez & Barajas，2012；Hao，2015）；二是运用职业教育推动职业技术学校人才培养模式改革中，以创新素质和业务技能为导向，提高学生的创新精神和实践能力（Hodgson，Spours & Waring，2009；Lam，Law & Shum，2016；Zemsky，2018）。

在技能人才创新过程中发挥着重要作用的有性格、取向、态度、认知方式、内在动机等变量，它们都是影响技能人才创新的个体要素，其中认知方式和内在动机被研究者们广泛认同为两个最为核心的变量（Amabile，1988；Oldham & Cummings，1996）。Woodman（1993）和 Chua 等（2014）指出，导致发散性思维的创新认知方式、创新的解决问题方式和敢于承担风险的个性对于员工创造性有关且必要。① 员工保持对工作的热情也很有必要，这是为了强化独创性要素来保持和增进员工的创新行为。Tierney 和 Farmer（2002）研究发现，那些能够产生更多的创新成果的员工都具有拥有创新的认知方式和自我进行内生驱动的特点。② Deei（1972）和 Greene（1973、1978）早期进行动机理论研究时认为，个体在面对工作任务时内部动机与外部动机是互为消长的关系，具体表现为外部动机越高则内部动机就越低。Deci 和 Richard（2000）指出，内部动机在某种情况下对外部动机起促进作用而使两者呈现出共生关系。③

组织领域中讨论的热点随后逐渐转为个体目标取向。Dweck（1984、1986、1989、1992）通过实验发现差异性目标追求会影响儿童的个体行为，以此为基础总结出目标取向是人们对事物或结果解释和反应的一种结构。Button（1996）和 Vandewalle（1997、2001）等在探讨目标取向与个体行

① Chua R. Y.，Yanning R.，Jean F. L. The impact of culture on creativity how cultural tightness and cultural distance affect global innovation crowdsourcing work [J]. Administrative Science Quarterly，2014，60 (2)：189 - 227.

② Tieney P.，Farmer S. M. Creative self - efficacy：its potential antecedents and relationship to creative performance [J]. Academy of Management Journal，2002，45 (6)：1137 - 1148.

③ Deci E. L.，Richard K. A meta - analytic review of experiments wxamining the effects of extrinsic rewards on intrinsic motivation [J]. Psychological Bulletin，2000，125 (6)：627 - 668.

为、目标取向与绩效之间的关系上，主要是采用实验方法以成人为对象展开了研究。Porath（2006）、Amabile（2012）等发现，相关关系存在于目标取向与绩效相关的个体行为之间①。Steinberg（1991、1992）、Feldhusen（1995）、Mumford（2000）等就智力、相关技能及认知技能等要素相继展开了研究②。

自身奋发进取的内在努力和良好的外部环境是技能人才创新实现的必须条件。社会文化在个体发展理论中是影响个体创新的主要外部因素（Martins，2003），而工作任务本身、领导力及组织文化氛围在组织领域则被广泛认为是影响个体创造性及创造行为的主要情境因素。Malik 等（2015）从识别、鼓励、自由及对成功的渴望等内容层面讨论了影响个体创新的文化要素。被视为影响员工创造性的要素是对员工的自豪及对他们能力的热情、承担风险、创新的价值，还有未来导向的刺激、挑战、进取心、战略等（Amabile，1997；Koberg，1987）。Hedges（2014）指出，鉴于组织文化、领导力同个体学习、创新之间是紧密一体的关系，因此对学习和创新的激励应处于组织文化的核心地位。③ Byron 和 Shalini（2012）认为，有助于在组织中建立学习氛围的关键做法有向学习达人那样工作、提供学习机会、将学习植入组织流程、发挥模范带头作用等。④

因此，学者（Scatt，2008；France & Marthyn，2009；Lee & Witz，2013；Galloway，2017）提出企业应重视技能人才创新素质发掘，以创新素质和业务技能为导向提升技能人才的创新素质。在激发和支持技能人才创造性过程中，领导行为可以影响员工对工作环境的认知进而影响创新绩效（Amabile，Conti & Coon，1999；Tierney & Farmer，2002；Zhou & George，

---

① Amabile T. M.，Julianna P. Perspectives on the social psychology of creativity [J]. The Journal of Creative Behavior，2012，46（1）：3－15.

② Steinberg R. J.，Lubart I. T. Investing in creativity [J]. American Psychologist，1992，22（7）：677－688.

③ Hedges L. V.，Ingram O. The self and social behavior in differing cultural contexts [M]. Academic Press，2014.

④ Byron K.，Shalini K. Rewards and creative performance：a meta－analytic test of theoretically derived hypotheses [J]. Psychological Bulletin，2012，138（4）：809－830.

2003)，领导力是关键原因（Scott & Bruce，1994；Tierney，Farmer & Graen，1999）。Simonton（1999）指出，不管是变革型领导行为还是交易型领导行为，影响员工创新绩效的方式都是通过个体的心理状态和行为动机的产生来实现。① 提供技能发展的便利条件、鼓励想法的表达、反馈建设性的意见、平衡员工的自由和责任、提供社会支持、科学授权及关心员工感受，这些领导行为对提高员工的创新性具有显著作用（Amabile，1998；Carson，1993；Deci，1987）。Chen、Tang（2009）和 Anderson 等（2014）的研究发现，领导转换对个体创造力具有正向影响作用。密切的关系存在于员工创造性和有挑战性的工作、技术多样性、高度的自治权、自由及反馈之间（Ambile，1989）。员工的创造性和动机会因工作性质而受到影响，高度内在驱动的形成则是工作的意义等要素推动的结果。

技能人才创新不是由单一因素决定的，而是多种因素共同综合发挥作用的规律。内在因素在技能人才创新中起决定性作用，但技能人才创新也受外部环境的影响。构建起技能人才创新素质激发的体制机制，营造好技能人才创新素质激发的政策环境是发挥好人才创新规律作用的必须条件。学术界当前对创新是情境与个体两个因素交互作用的结果这一认识更加认同，并开始在组织领域展开研究。Zhou 和 Inga（2019）等从交互作用的视角，分别考察了创造力与个体生长需求理论之间关系、创造力与支持性工作内容之间的关系。② Marieline 和 Moats（2016）认为，企业要通过搭建技能人才培养的平台，建立和完善内部培训制度，加快技能人才创新素质激发。

企业应重视物质激励。Peter（1992）发现，从对技能人才创新进行激励效果上来看，物质激励要优于社会地位激励，公司规模对上级对员工关怀的激励效果有明显影响，员工最不敏感的是工作中的自主决策权利及灵活的工作时间等情形。Jin 等（2004）研究发现，对技能人才具有很强激发作用的要素是薪酬，从而得出结论认为薪酬结构与员工认知水平正相关。

① Simonton D. K. Creativity：cognitive，personal，developmental，and social aspects [J]. American Psychologist，2000，55 (1)：151－158.

② Zhou J.，Inga J. H. Research on workplace creativity：a review and redirection [J]. Annual Psychology Organization Behavior，2014，1 (1)：333－359.

因此，把工作作为激发技能人才创新的重要因素，企业要有足够的重视。Glynn（1996）认为，诸如挑战性等工作的本身能够很大作用地激发技能人才创新。技能人才如果认为工作富有挑战性且有学习和共享信息的机会，则他们会对工作投入更多热情而很少选择离职。Stanley（2000）认为，工作设计的激发作用在于能让技能人才对工作产生满足感。影响工作设计的主要有反馈、自主性、目标难度、员工参与及任务的同一性等因素。① 同样能激发技能人才创新素质的还有职业发展与晋升。Tser 等（2003）发现，类似于企业生命周期不同的职业目标和诉求会出现在技能人才不同的职业生涯发展阶段，企业应据此设计好相应的职业规划来满足技能人才职业生涯发展的动态需求。② Fred（2011）研究表明，走上领导岗位意愿强烈的技能人才，对其具有很强的激励效果的就是晋升。③

此外，其他的激发方式企业也要有足够重视。Faiz 等（2004）认为，技能人才能否有效地进行思想交流会直接影响企业的整体绩效，甚至对企业的生死存亡起决定性作用。④ Eisenberger 和 Byron（2011）认为，对技能人才应该综合进行精神激励、组织激励、团队激励和个人激励。⑤ Teri 等（2003）认为，领导方式能够很大作用地提高技能人才的个体创新素质。⑥ Leavitt（1996）提出，增强技能人才工作满意度的并不是高工资，而是能使技能人才的离职率保持在一个可接受水平的职业倾向。

---

① Stanley E. , Cambill W. , Geff C. , Ronald B. W. Toward a holistic model of task design for IS professionals [J]. Information & Management, 2000, 37 (5): 217 -228.

② Tser Y. C. , Pao L. C. , Ching W. Y. Square of correspondence between career needs and career development programs for R&D personnel [J]. Journal of High Technology Management Research, 2003, 14 (2): 189 -211.

③ Fred A. M. , David A. W. , Casey M. From scientific work to organizational leadership: predictors of management aspiration among technical personnel [J]. Journal of Vocational Behavior, 2011, 59 (1): 132 -148.

④ Faiz K. , Rbecca G. Where will industry go to for its high - calibre staff [J]. Journal of Commerical Biotechnology, 2004, 11 (1): 63 -71.

⑤ Eisenberger R. , Byron K. Rewards and creativity [J]. Encyclopedia of Creativity, 2011, 15 (2): 313 -318.

⑥ Teri E. , Robert T. K. Leadership in research and development organizations: a literature review and conceptual framnework [J]. The Leadership Quarterly, 2003, 14 (4): 587 -606.

（二）国内研究

在创新激发的过程中，通过不同激励手段的综合有效运用来不断引导和刺激人的需要、诉求和动机，汇聚成创新目的，促使员工发挥潜能斗志昂扬地去夺取创新成果，最终实现工作目标。张晓贤（2016）认为，在企业人资管理中激励既能优化人力资源配置，还能最大限度激发员工的创新力。

自20世纪90年代开始，国内学者研究创新人才素质激发的方式主要是将教育科学与引进于国外的有关创造学理论紧密相结合。国内研究最先开始于对美国“合作教育”、英国“工读交替制”、德国“双元制”、日本“本位单元制”、加拿大“CBE模式”以及澳大利亚“成人技术继续教育”等技能人才创新素质培养模式进行介绍（陈尊厚，2005；姜大源，2010；董甜园和王正青，2018）。德国的“双元制”大学是一种培养应用新人才的有效模式，其运用产学合作的办学形式培养的毕业生深受社会认可和企业的欢迎，因为其毕业生既有宽广扎实的理论知识基础，又有很强的实践和应用能力。① 美国著名的“社区学院”具有向四年制大学转学的功能，同时对技术、技能型人才进行培养。② 日本将技能和技术型人才培养分开进行，其中技能型人才主要由高等职业教育中的专修学校和短期大学来培养，技术型人才则主要由高等专门教育学校来培养。国外的技能教育主要由中学后职业教育和中等职业教育实现，技术教育主要以高职教育为主。③ 张岩（2015）认为，世界各国在技能人才培育的模式上都有其个性化特点，其中对中国技能人才培养体系建设有着重要启示意义的是德国多元化的技能人才培育模式。④

我国学者普遍认为技能人才创新对企业成长非常重要（张维迎，

---

① 梁忠义，李守福．职业教育［M］．长春：吉林教育出版社，2000.

② 石伟平．比较职业技术教育［M］．上海：华东师范大学出版社，2001.

③ 匡瑛，石伟平．从“技术应用性人才”到“高技能人才”［J］．中国教育技术研究，2006(2)：1186－1187.

④ 张岩．多元化培养模式对我国高技能人才建设队伍的启示研究［J］．北方文学旬刊，2015(2)：1186－1187.

2005)，企业要想获得长足发展，必须激发技能人才创新素质（贾明德，2003；赵志耕，2013）。学者们结合我国实际对技能人才创新素质激发进行多维度、多视角的思考。徐君瑜（2017）指出，在促进科技创新和成果转化应用上技能人才贡献着关键力量。① 杨志（2010）研究发现，相对充裕的激励资源通过保证激励方式灵活性与多样性来降低激励成本，因此管理激励目标的设定要建立在激励资源的基础上。② 学者们从国家、区域地方和行业企业、高职院校和产学研层面展开了具体研究，认为技能人才创新素质提升的目的在于解决企业所需专业人才“瓶颈”需求和高端创新人才的短缺（陈柳钦，2011；肖武，2016；刘兰明和王军红，2017）。

国家层面上，部分学者（彭腾，2006；张禹喆，2010；陈柳钦，2011）认为培养富有创新能力的各类技能人才能解决企业所需专业人才的“瓶颈”需求。陈樱（2016）认为，我国经济建设飞速发展的背景下，由于技能人才短缺现状愈加严重，企业需要对高技能的专门人才进行系统培养，激发创新素质。陈丽（2017）对创新企业的技能人才培养进行了专门研究并对其现状进行了深入分析。由于我国目前绝大多数省区市创新型技能人才队伍建设存在问题（洪功翔，2012；阳立高，2013；海松梅，2015；刘兰明和王军红，2017），在调研了汽车维修、医药等行业后（潘卫东，2009；张冬梅，2013），提出要搭建人才管理平台（王金利，2009）、实施人才激发与培育评估（孙如军，2011），发挥企业主导作用的良性循环互动工作机制（王海岳，2014）。

组织层面上，李希运（2010）经研究发现不少企业虽重视技能人才的创新激发，但并未能收到很好的激励效果，总是在实施同一激励政策时，缺乏差异化和动态性。③ 顾建平、张兵等（2006）提出了激励中薪酬设计不合理的问题。④ 徐峥（2013）认为，产业转型升级过程中应该从宏观政

① 徐君瑜．关于加快高技能人才培养的探索和思考［J］．人才资源开发，2017（1）：25－32.
② 杨志．激励资源的挖掘和使用［J］．华东经济管理，2010，14（5）：97.
③ 李希运．企业核心员工激励机制研究［J］．现代商业，2010（3）：86.
④ 顾建平，张兵．薪酬管理八大趋势［J］．理论前沿，2006（6）：88－89.

策和微观主体两个方面来对人才培养进行完善。[①] 王艳子和罗谨链（2017）检验出谦卑型领导对员工创新行为产生正向影响。仇勇等（2019）认为，精神型领导对员工创新绩效有积极影响。[②] 王艳子和温晓波（2019）提出教练型领导显著正向影响员工创新行为。[③] 李秀娟（2017）实证分析发现领导风格中交易型领导会对创新性产生巨大的负面影响，而转化型领导者则能够打造发挥创造力和鼓励创新的组织文化来削弱人员和结构自身存在的惰性。[④] 刘翔宇和李新建（2015）提出客户组织的信息分享对于外获专业技术人员的创新绩效有显著正向影响，外获专业技术人员的人际网络能力提升在客户组织的信息分享与自身的创新绩效之间起部分中介作用。因此，王广礼（2008）认为，进行激励要设置满足需要的目标，发掘人的积极性，也要运用外在激励手段。[⑤] 黄秋风和唐宁玉（2016）认为，外在激励对个体创新行为的作用存在显著国别差异，中国情境下外在激励对个体创新行为的影响更大。[⑥] 在技能人才创新素质激发的研究中，当前学者比较一致的看法是围绕高等教育和职业教育为主体（张尚华和李军，2015），通过产学研合作培养人才（刘凡和董金华，2011；郭广银，2012；徐霄红，2016），在重点科学、重大专项、高新技术和金融管理领域加快海外人才引进（万钢，2013），以国家高新区为载体聚集创新人才（杜占元，2011）。

完善激励政策是企业吸引更多优秀人才和留住现有人才的最重要举措（杨光2017）。王暇见（2019）将经济评价与价值评价相结合，加大经济成本补偿。[⑦] 闫巍（2016）指出，激励理论在企业管理实践中科学化运用，

---

① 徐峥．产业转型升级中科技创新人才培养模式研究［J］．科学管理研究，2013，31（1）：101－104.

② 仇勇，孟雨晨，杨旭华．精神型领导如何激发员工创新？——领导成员交换关系与组织认同的链式中介作用［J］．华东经济管理，2019，33（4）：44－50.

③ 王艳子，温晓波．教练型领导能够激发员工创新行为吗？——一个被调节的中介作用模型［J］．湖北经济学院学报，2019，17（3）：79－88.

④ 李秀娟．怎样的领导风格才能激发员工创新性［J］．清华管理评论，2017（10）：66－70.

⑤ 王广礼．社会主义市场经济条件下调动职工积极性的理论与操作［M］．法律出版社，2008.

⑥ 黄秋风，唐宁玉．内在激励VS外在激励：如何激发个体的创新行为［J］．上海交通大学学报（哲学社会科学版），2016，24（5）：70－78.

⑦ 王暇见．新时代激发人才创新动力的按社会科学要素贡献分配机制［J］．社会科学家，2019，261（1）：128－137.

使员工创新素质的激发能够服务于企业和个人目标的统一，企业的高效化管理因此而变得可能。① 张毅和游达明（2013）构建了由动机系统、动力系统和资源系统构成的员工创新行为 MPR 激发系统。② 吕富彪（2010）进行了科技人才创新能力开发聚集效应研究，提出了技术能力开发、项目化开发、终身化开发及个性化开发等模式。③ 蔡泽寰（2006）提出我国技能人才的培养应该借鉴现代学徒制度。④ 丁大建（2014）认为，要把高等职业教育纳入正规学历教育系列中来。⑤ 学者们（晏新年，2005；丁世民，2009；王宝林，2012）认为，要建立良好的实践教学资源和基地，结合订单培养（甄贵章，2010）、定向培养（杨凤翔，2008）、工学结合（孙伟宏，2015）等产学合作模式，培养技能型“五实”创新人才。

陈彦斌和刘哲希（2017）认为，土壤、氛围和机制是技能人才创新所需要的“软环境”，技能人才创新出于实践、出于环境、出于竞争。⑥ 唐宁泽（2018）指出，环境是创新人才成长和发展的时空条件，在促进人才素质的形成与提高上发挥着独特的功效。⑦ 刘尧等（2015）认为，启动系统性、集成性、突破性的人才战略至关重要。⑧ 肖光强（2000）认为，企业应该提供一个让员工在组织目标框架下自主工作来完成组织目标的宽松环境。⑨ 房银海等（2019）提出，平台领导者动态设计平台管理策略能够有针对性地提高平台内参与企业的合作意愿。⑩ 王缓（2007）认为，企业价

---

① 闫巍．现代企业管理中的激励理论运用探讨［J］．现代经济信息，2013（1）：27－29.

② 张毅，游达明．员工创新行为MPR激发系统的理论建构［J］．管理现代化，2013（6）：80－83.

③ 吕富彪．企业科技人才创新能力聚集效应的影响研究［J］．科技管理研究，2012，30（1）：65－68.

④ 蔡泽寰．高级技能人才培养［M］．北京：中国劳动社会保障出版社，2006.

⑤ 丁大建．高技能人才的短缺与价值评价错位［J］．中国高教研究，2014（5）：71－78.

⑥ 陈彦斌，刘哲希．中国企业创新能力不足的核心原因与解决思路［J］．学习与探索，2017（10）：115－124.

⑦ 唐宁泽．培育创新氛围，激发人才活力［J］．中外企业家，2018（13）：56－57.

⑧ 刘尧，杜宏巍，许正中．创新人才战略，激发人才潜能［J］．中国人力资源社会保障，2015（11）：35－36.

⑨ 肖光强．如何管理知识型员工［J］．企业管理，2000（6）：35－36.

⑩ 房银海，徐海燕，陈瞩鼎，谭清美．平台领导者激发内部成员协调创新意愿研究——基于网络博弈视角［J］．软科学，2019，33（5）：59－63.

值观内化为员工个人的价值追求，不仅可以形成共同意识状态来增进企业的内聚力，还可以成为生产实际中调动企业职工创造性、主动性和积极性的激发因素。① 要充分激发技能人才创新人群，要关注技能人才这个群体（刘洪银，2015），根据其特点提供满足其内外动机（孔德议，2015），进行精神与物质等相结合的激励机制（石超英，2008）和保障机制（陈洁，2017）。

在中国，很多企业对创新素质激发进行了丰富的实践探索。浙江省长兴电气工程有限公司通过员工价值观培育的“四结合”举措（谢蕾和范津津，2019），长丰集团构建规范高效市场化运作的公司治理结构（李小华、袁毅和张创荣，2019），中盐吉兰泰盐化集团有限公司按照“技高者多得，收入靠贡献、收入靠效益”的薪酬激励机制（周杰，2018），日照港集团采取组建了由劳模、拔尖人才率领的创新人才队伍（姚晓双，2017），武汉电信采用划小承包（王云鹤，2019），河北兴泰发电公司根据不同职工的素质和需求搭建不同平台（何卫东，2017），调动技能人才积极性、创造力，为企业注入了源源不断的内生动力。在新形势下，中国重汽集团济南卡车公司用“互联网 +”思维激发员工创新力，通过微信、QQ 等社交软件建立面向员工的“开放建言、及时互动、随时沟通、界面友好”信任力平台（振杰，2011）。

与此同时，各个省、市、县、产业工会创建“职工（劳模）创新工作室”和“传统工艺（手艺）大师创新工作室”，以技能人才名字命名的创新工作室，如国网江苏省电力有限公司的苑超山、日照港集团的田振东、内蒙古超高压供电局的刘文恒、上海电气液压气动有限公司的李斌等均建立了以他们名字命名的创新工作室（廖巧玲，2013）。各个省、市、县、产业工会在职工中积极开展技能节、岗位大培训大练兵、万人劳动竞赛及“小创造、小发明、小革新”等活动，评选出了如师智敏、罗昨均、朱纪伟等一批首席技工成为技术明星、涌现了以张加川、袁卫华等为代表的大批岗位能手（姚晓双，2017）。来自基层、立足一线的劳模创新工作室最了解岗位的需求、技术的短板及设备的瓶颈，在一名有理论水平、实践经验、创新能力和创新成

---

① 王缓．浅谈企业文化建设中的价值观链条［J］．企业文化，2007（4）：56.

果的劳模或先进人物作为负责人个人力量的影响下，通过创新工作室平台搭建，通过弘扬劳模精神，加以资金和政策扶持，带动群体性科技创新活动持续深化，激发创新（郭艳，2017）。浙江省长兴县建立长兴科技服务中心，利用远程视频技术，组织各类专家通过视频与本地企业进行面对面互动，解决和咨询各类技术难题。中关村国家自主创新示范区股权激励改革实施办法，提出科技成果入股、科技成果折股、股权奖励、股权出售、股份期权、分红权、科技成果收益分成7种激励方式（瞿艺，2018）。

三、国内外研究评述

通过相关文献的回顾和梳理，可以发现有关技能人才创新素质、创新素质激发的研究都取得了一定的进展，但也存在一些问题。

（一）有关技能人才创新素质研究的针对性有待加强

研究者们已经认识到了技能人才创新的重要性，提出了提升创新力的具体措施。但从学术界的研究实际来看，学者们大多从教育学和心理学的角度对在校人才的创新力开展研究，很少有从经济管理的角度做研究。从创新素质在我国的理论研究和实践应用来看，由于文化背景的差异性、研究基础的局限性以及认知上的限制，使现阶段关于某一类人才创新素质的研究多是一种观念上的引入，尚未形成具体、实践的指导性理论。且由于目前国内对于技能人才内涵和特征尚未形成统一认识，有针对性地根据技能人才创新特点研究其创新素质结构要素、创新素质内容维度的研究还较少涉及，研究范式也以理论研究为主，实证研究较为缺乏。

（二）有关创新素质激发研究的领域范围有待扩展

很多学者从激励视角探索了诸多人群的激发问题，也展开了关于创新能力、创新意识激发的许多卓有成效的研究，研究过程中也有少数采取了较为规范的研究方法获得了具有借鉴意义的研究结论。但国内外学者对于创新素质激发研究的注意力主要集中在课程教育教学以及在校人才培养上，有关技能人才创新的研究多介绍企业实践中一些具体措施，观点阐述较为零散，逻辑性和系统性都较弱，考虑因素欠全面。在研究范式上主要以观点阐述为主，着重于研究特定要素之间的关系，运用整体观研究方法的不多，因而还可以进一步丰富和发展。

从文献来看，现有研究很少从技能人才这一群体特点的视角，从理论层面科学认识和把握创新素质内容结构进而提出激发的问题，为技能人才创新素质激发提供客观和具体的逻辑依据。这致使技能人才创新素质激发的研究不够清晰、系统性不强，导致在研究过程中产生的一些成果对我国技能人才创新素质激发的实践而言，往往是具有宽泛的理论指引而缺乏直接与现实相结合的实践价值。因此，后续研究可以从以下几个方面努力：第一，有针对性地开展技能人才创新的基础性研究，如创新特点、创新素质、创新过程等；第二，采用整体系统观多层次多角度地分析技能人才创新素质影响因素；第三，运用实证研究方法论证各因素对技能人才创新素质的作用机理，分析影响显著性程度；第四，从经济管理角度，构建以微观企业为主体的综合国家和个体的技能人才创新素质激发体系。

沿着这一思路，本书试图以技能人才为创新主体，在采用规范研究的手段开发技能人才创新素质基础上，运用文献计量技术对技能人才创新素质的影响因素进行提炼，通过探求技能人才创新素质与各影响因素之间的作用机理来揭示技能人才创新素质激发过程，构建国家、企业、个人多层次多角度的技能人才创新素质协同激发体系。因此该研究具有一定的新颖性和实用性，以期能在某种程度上加强技能人才创新研究的针对性并扩展现有研究。

第二节　基本概念

一、技能人才

“技能人才”这个概念在现实中被高频使用，但这一概念在《教育大辞典》《现代汉语词典》和《辞海》等重要辞书中均未作出界定。在《技能人才培养模式的理论与实践》《技能人才开发探索与实践》《制度是如何演化的：德国、英国、美国和日本的技能政治经济学》《高级技能人才培养》《技能教育的理论与实践》等重要著作中都未能明确阐释技能人才这一概念。从现有文献来看，研究人员通常用能工巧匠、技术工人、技能型人才、技术技能人才、知识技能型人才、技术技能型人才、技能型人力资源、复合技能型人才、技能人才和高端技能型专门人才等特定身份来代替“技能人才”概念。

相比较通常意义上的人才，技能人才主要是指掌握了专门知识和操作技能的知识工人群体，更加突出技能人才的实际操作能力。对此，不同的专家学者有着来自不同角度的理解与阐述。有学者从技术能力特点的角度考虑认为，技能人才是“能工巧匠”，理由是技能人才接受了专门的培养和培训、掌握了当代较高水平的理论知识和应用技术技能、具备了创造性能力和独立解决关键性问题的能力（李宗尧，2001）。有学者认为技能人才指那些有一定理论水平且实践经验丰富、专业技术和操作能力及实践经验都较强的复合型技能人才（戴强，2003；王肖群 2006）。还有学者将技能人才划分为高级技能人才、中级技能人才和初级技能人才三个类别，划分的依据是技能人才所拥有的技能、经验和知识含量的差异性（孔宪香，2008）。更有学者要求技能人才应具有在迅速变化的环境的应变、生存和发展能力，解决实际问题的综合技术应用能力的两个新内涵，认为这是根据时代发展的需要。

综合前面学者们对技能人才的阐述，以及技能人才在当前经济高质量发展、产业结构转型升级过程中的地位和作用，本书将技能人才界定为“在产业领域中具有一定的专业知识，掌握一定的工艺和技术，能够独立使用工具、设备进行操作或生产加工的熟练或比较熟练的工人，主要包括生产一线从事操作类劳动中的初级工、中级工、高级工、技师和高级技师以及相应职级的人员”。技能人才具备五个较为显著的特点：一是理论知识专精。技能人才技能形成的基础及实现可持续发展的基本保障就是其拥有的专业理论知识，它能积极提高技能人才的层次和增强技能的适应性。

二是实践经验丰富。“实践人才”是技能人才的显著特征，技能人才需要在实践经验积累逐渐丰富的过程中逐步提高和发挥其技能水平。三是动手操作能力较强。技能人才是往往以动手操作能力的形式表现出来的，具有某种特定“技能”且达到了一定水平要求的人才。四是创新能力较好。技能人才还拥有进行理论设计创新并能够将创新成果转化为技术应用来直接创造生产力的能力。五是职业道德高尚。技能人才技能形成、应用和提高要以高尚的职业道德为基础保障，同时技能人才技能的形成、应用和提高过程又能够促进职业道德得到进一步提升。

二、创新素质

《辞海》对素质一词的注解是“指人的感觉器官和神经系统方面的先天生理解剖特点，是在社会实践中逐步发育和成熟起来的”。当前，素质被进一步定义为是“素质是基于人的先天生理基础，在后天教育和环境的影响下由知识逐渐内化形成比较稳定的心理品质”，由之前狭义原理中仅指人的先天生理解剖特点，变成了现在的广义概念还包含人后天社会性特点。可见，素质是社会发展的文明成果在人的身心结构中的内化和沉淀，可以开发人的身心潜能。

创新素质，就是在创新实践活动中主体表现出来的素质。梳理近十年来的文献发现，国内学者在创新素质内涵的研究上主要存在三种观点：第一种观点认为创新素质是个体产生某种新颖、独特、有个人或社会价值产品的能力，能力的产生基于运用已有的知识和经验等一切已知信息，以创新思维为核心再加上创新意识和创新技能构成了能力的内容，持有该观点的学者代表有张宝臣、李燕、张鹏等；第二种观点认为创新素质可以划分为对已有知识的获取、改组和运用及对新思想、新技术、新产品的研究与发明两个相互关联的部分，持有该观点的学者代表有安江英、田慧云等；第三种观点认为基础性、专业性、工具性及综合性知识构成了创新素质必备的知识结构，持有该观点的学者代表有宋彬、庄寿强、彭宗祥、殷石龙等。

在前人研究的基础上，本书认为创新素质是指在人的先天生理心理素质基础上，在创新实践活动中通过后天环境影响和教育训练所获得的全面、稳定、长期表现出来并发挥作用的对创新活动发挥关键作用的身心要素的总称。根据文献综述，绝大多数学者认为创新素质包括创新精神、人格、思维、知识和能力五个方面的内容。其中，创新精神包括创新意愿、创新意识、创新热情等内容，是指个体对创新活动所持有的自觉而积极的心理倾向；创新人格包括创新需要、动机、兴趣、信念、价值观等内容，是指主体在科技创新实践活动中所具有一定倾向性的心理特征的总和；创新思维包括发散思维、聚合思维、直觉思维、分析思维等内容，是一种以新颖独特的方法解决问题的思维；创新知识体系是指对创新实践活动过程中对创新主体具有工具和手段意义的知识系统及其由基础、专业、工具、综合知识等不同种类知识所构成的综合结构；创新能力是指影响创新实践活动效率、促进创新实践活动顺利进行的操作能力、表达能力、记忆能力和观察能力等主体心理条件。

三、创新素质激发

Adam Smith 在其所著的《国富论》里最早对激发问题进行了论述。激发是指激励人动机的心理过程。激励是在外界刺激变量的作用下，使被管理者的内在变量（需要或动机）产生持续不断的兴奋从而付出积极的行为来努力实现目标。使人在某种内部和外部刺激因素的影响下持续处于一种兴奋的状态，这是激励的目标所在。企业的激励实践主要是在生产的过程中采取某些手段激发员工的积极性与创造力来改善企业员工的工作态度，进而实现员工主动发挥自身素质来提升企业价值的目标。

对创新的研究从单纯的技术或者非技术因素的创新转变为从系统的角度对不同创新要素进行关联分析，成为随着时代的发展创新理论对创新要素研究不断深入的新趋势。熊彼特对于创新激发方面的贡献，主要体现在引入心理学来考察各类人才创新的行为动机和研究市场结构与技术创新的关系等方面。

通常意义上的调动积极性，实际上就是运用激发这个概念来使技能人才创新得以实现。技能人才创新管理工作的核心就是如何有效将创新素质激发出来，其内容既包括技能人才在追求某些特定创新目标时的愿意程度，也包括确定诱发愿意程度的力量和这种力量的程度，其公式为：

$$创新绩效 = f(创新素质 \times 激发)$$

此公式表明，同是技能人才如果他们的创新素质相仿，其创新绩效由创新素质激发的程度来决定。企业可以立足于技能人才的创新素质采用一系列激发手段来满足技能人才的需求，调动技能人才的积极性，激发技能人才正确且有效的行为动机，最大限度地发挥技能人才的内在潜力和创造力，从而提高技能人才创新绩效，积极高效地推动企业实现可持续发展。

第三节　理论基础

一、激励理论

需求是人积极性的源泉与实质，也是激励的起点和基础。激励的核心要素动机是推动人从事某种行为的心理动力，这种心理动力就是动机。在激励的过程中，人们所处的外部环境中各种管理手段及相应形成的管理环境等影响需要的因素和条件。激励的目的是让管理对象做出有利于组织目标实现的行为。

内容型激励理论或称其为需求理论，即从人的动机和需求出发，阐述引起并指导某种行为的种种内在因素。需求层次论和目标理论是其中一个较为典型的理论。Maslow（1943）的需求层次论认为，人的需求存在低层级的需要得到了满足后才能向高层级需要发展的规律，这种需求由高到低可以划分为生理需求、安全需求、社交需求、尊重需求和自我实现需求五个层次。每一时期总会有一种优势需求占支配地位，对行为起决定作用。Locker（1976）提出的目标理论认为，目标通过将人的需求转变为动机来促使人们的行为朝着一定的方向努力，并在此过程中以对照自身行为结果与既定目标的方式及时进行调整和修正来实现目标，因此目标本身也具有激励作用。动机被外在的刺激通过目标施加影响，个人的成长、成就等也需要通过目标的达成来满足个人的需求。企业通过积极引导员工参与目标的设置、及时反馈目标的完成情况，能够激发员工主动去做完成目标、改善绩效的行为。

过程型激励理论着重研究人们是如何选择其行为的，从动机产生到采取行动的过程是该理论关注的内容。其中典型的理论是期望理论和归因理论。Vroom（1964）提出期望理论，认为通过某些手段对人产生的激励程度大小可以用期望值和效价来表示，个体根据该行为能为自己带来某种结果的期望程度及该结果对个体的吸引力，来决定某种特定方式采取活动的强度。该理论可以促使员工保持较高的积极性甚至是积极性不断得到增强，这是因为目标的激励作用会随着员工对绩效目标渴望程度的增大而增强，随着员工预期实现绩效目标的可能性的增大而增强。

着眼于如何引导激励对象通过对人行为的改造和引导来达到既定目标是行为改造型激励理论的内容，典型的代表是强化理论和归因理论。Skinner（1938）提出的强化理论认为，个体的行为可以通过不断学习来强化，人们对事物的理解也可以通过不断学习来加深；人们实施作用于外界环境的行为是为了实现某种目的，这些行为通常目的性较强。Heider（1958）提出归因理论，指出要先明确是来自外部还是内部的原因导致了某种不利结果，然后从外部或内部来寻找具体因素解答导致不利结果出现的原因。在找到真实的诱因后，要分析产生不利结果的原因，并及时通过某些激励手段引导员工深刻体会到自身行为的关键性，并愿意积极改进、提升工作效率以获得相应奖励的方式来予以纠正。

综合型激励理论试图从系统的角度，综合内外激励因素的情况下解释人的行为激励过程，更加全面地考虑各方面因素对激励效果的影响。通过整合与分析，对人的行为做出更加全面和科学的解释。Porter 和 Lawler（1968）提出综合型激励理论，其以努力、绩效、能力、环境、认知等多个变量为主线，辅之包括工作因素、绩效评估等在内并使它们兼容并成为一体。综合型激励理论给出了一种系统、动态的思维模式，涵盖了满足激励需求、激发行为动机、强化动机行为、反馈更新激励和改进激励机制五个阶段的系统化循环激励管理过程。

二、创新理论

回顾中国古代传统文化，创新，就其字面意思即为创造新的事物。《广雅》中记载，“创，始也；新，与旧相对”。《魏书》有“革弊创新”，《周书》中有“创新改旧”。创新的同义词有革新、立异等。在英文词汇中，许多研究通常将 creativity 与 innovation 看成为可相互替换的名词，但这两个单词的定义有相似也有不同之处，creativity 强调新奇且实用构想的产生（Mumford & Gustafson，1988），而 innovation 则是偏重采用并执行某些构想（Kanter，1988；Van，1986），这些构想的产生学者们认为仅仅是受到多种社会性因素的影响多重阶段过程中的一个阶段（Kanter，1988）。

创新理论最早是由美国经济学家 Schumpeter 提出的。Schumpeter（1912）在《经济发展理论》中首次提出“创新理论”。他指出，创新是指组织或个人为获取更多的潜在利益，将新的生产要素及重新组合引入企业的生产体系实现现有生产要素重新组合，并且认为创新是经济发展的根本动因。实现新的组织形式和管理模式、发掘新的原材料来源、引进新技术、开发新产品及开辟新市场是这种重新组合的五种表现形式。他认为有了创新，一个经济体系才能成为动态的、不断发展与增长的经济体系。从这个视角来看，创新的本质就是对创新要素的排列与组合，其内容涵盖了开发新的原料、开拓新的市场、引进一种新产品等企业经营的全过程。微观企业层面的产品、流程、组织及市场创新都体现了企业投入市场竞争的一种战略姿态。

后续研究者以熊彼特的创新理论为基础，分别在制度创新理论和技术创新理论两个领域展开了各自的研究。Solow（1956）提出的“两步论”在技术创新理论发展史上具有里程碑意义，该理论认为新想法的产生和之后的具体实现是技术创新的内涵。Yinorth（2001）指出，技术创新是制订计划、投入资金、组建团队等多种因素协整后的成果。Mansfield（2013）认为，技术创新就是经过管理设计和生产流程产生新产品的过程。综上所述，技术创新主要包括那些程度的过程角度和那些创新资源的要素角度。

制度创新学派以美国经济学家 North 和 Davis 为代表，他们明确指出通过改革组织的现行制度来获得红利就是制度创新。他们认为推动制度革新的重要原因除了有个人或组织预期利益的调整外，还有生产技术的进步和市场规模的变化以及两者之间的相互影响。由此可见，制度创新就是企业为了适应市场变化和谋求自身发展而对现有制度进行的系列改革。

经济越发展，管理也越受重视。Drucker（1985）从管理角度提出了被给予一种新经济价值的技术创新模式和赋予一种新管理手段的社会创新模式。通过抓住市场变化特征，管理创新理论指导企业运用新的管理手段来整合自身的人力等资源来优化生产经营活动，在尽可能降低成本的同时最大化提升运营效率来达成企业的战略目标。Drucker（1954）提出，创新是组织的一项基本功能，是管理者的一项重要职责，管理创新就是一个不断进行变革和发展的过程。Drucker 将创新纳入管理之中，明确提出每一个知识工作者和管理者都要把创新作为基本责任和日常工作。

三、人才理论

古人著述里有关“为政之要、惟在得人”的系列论断，充分体现了我国古代政治文化中高度评价和高度重视人才的优良传统。尽管国外的理论界没有明确提出“人才”的概念，也没有“人才学”这个学科领域，但是对才能、人力资本、天才等个体要素及创造学、成功学等学科领域的研究也有了不少成果。Schultz（1964）和 Becker（1967）发现在一个国家的经济增长过程中人的知识与技能起着关键作用，在此基础上他们于20 世纪60 年代提出了现代人力资本理论，明确指出人力资本是指通过投资而形成的存在于人体之中的具有经济价值的知识、技能、经验和体力等质量因素的综合。

学者雷祯孝在我国人才学形成初期最早提出了着重强调人才劳动具有

创造性和贡献性的人才定义，他认为那些通过创造性劳动及运用创造性劳动成果来认识、改造自然与社会并在此过程中为推动人类进步贡献了建设性力量的人就是人才。[①] 王通讯，李维平（1982）认为，通过创造性劳动推动了人类和社会进步的人方可称为人才。[②] 叶忠海（1989）指出，人才是指那些拥有专门知识、技术技能并以此开展创造性劳动来认识、改造自然和社会从而为人类进步贡献力量的人[③]。邓小平提出了“人才资源是第一资源”的论断，并进一步指出劳动者特别是知识分子的数量、质量将越来越明显地决定着我国经济发展后劲的大小和国力的强弱。

随着时代的不断发展，人才的内涵也开始不断地丰富。党的二十大报告中对“尊重劳动、尊重知识、尊重人才、尊重创造”进行了论述，指出人才应该是拥有且能够熟练运用一定的技能为社会作出贡献的人。实践证明，人才不能只单单拥有光鲜亮丽的头衔或是技能，德才兼备才是衡量人才的标准，因此对人才真正意义的定义是指那些同时具备了品德和知识的人。随着相关政策的陆续出台，人才也被新时期赋予了新的定义：一是要具备一定的知识与技能；二是要能够开展创造性的劳动；三是要在实践活动中为社会发展和人类进步做出积极的贡献。

新时代以人为本的思想及全面、协调、可持续的发展理念，是中国共产党对经济社会发展客观规律科学认识和把握的深刻反映。在此过程中对人才的理解也有了新变化：一是扩大了人才的范围，把有一技之长的人也视为人才，更加承认了人才来源的广泛性；二是随着时代的发展，根据知识经济的需要，特别突出了人才的本质特征是具有创造性；三是人才的评价与定位既与个体本身有关，还与社会的必要支持和承认有关。人才资源管理在为全面建成小康社会等国家建设事业提供智力支撑的同时，国家建设事业的发展又反过来为人才资源管理的发展提供物质、平台、环境及空间支持。因此，人才资源管理不仅只是科学理论的研究，还是中国特色社

① 雷祯孝．一门新兴的学科——人才学［J］．新闻战线，1980（11）：13－19.

② 王通讯，李维平．人才战略论［J］．人才，1982（4）：9－12.

③ 叶忠海．人才学引导我前进［J］．中国人才，1989（5）：25－26.

会主义建设事业的重大实践课题。

随着人才理论的不断发展，学术界也在不断地深化完善人才的定义与特征，对之进行梳理主要有：一是人才区别于一般人的主要表现在人才的劳动具有创造性，这种劳动标准一般的人达不到；二是德才兼备的人才是真正的人才，他们通过创造性劳动为社会发展做贡献；三是人才的劳动成果不是虚无的而是实实在在的，能同时在物质和精神道德层面产生影响；四是人才在评价上除了要看学历、职称等外在头衔外，更要看重其影响力和潜力；五是社会实践为人才产生之基础，是人才培养必不可少的条件，满足社会需求的人才只有在不断的社会实践中才能产生。

四、胜任力素质模型理论

能将组织中有着优秀表现的人员同组织中表现一般的人员进行区分的动机、特质、自我形象、价值观、认知或行为技能等个人潜在特征就是胜任力素质。胜任力素质模型是由一系列需要完成某些特定任务角色而必须具备的胜任力素质的组合。

早期的胜任力素质模型主要有冰山模型、洋葱模型和胜任素质辞典。David C. Mc Clelland（1973）指出知识、技能、动机、特质、社会角色与自我概念是冰山模型中胜任力素质划分的六种基本特征，这些特征分为冰山上易于获取的部分和冰山下难于获取的部分。洋葱模型由 Richard Boyatzis 在 David C. Mc Clelland 冰山模型的基础上提出的，该模型清晰地显示了胜任力素质构成核心要素由内而外排列的逻辑和顺序，最核心的要素是动机，然后依次向外延展的要素分别为个性、自我形象与价值观、社会角色、态度、知识、技能等要素，这些要素最终形成了一种包裹紧密的洋葱式结构，在此结构中越是外层的胜任力素质就越容易获取，越是内层的胜任力素质就越难以实现。Richard Boyatzis（1989）开发出包含 21 项常用胜任力素质的胜任素质辞典理论。

随着胜任力素质理论的进一步发展，研究者们开发出了更多、更适用的通用胜任素质模型。Spencer 等（1993）开发了涵盖专业技术人员、管理人员、企业家、服务人员、业务人员五类群体的通用胜任素质模型。Caress 和 Allwood（1997）开发出的管理人员工作胜任力素质模型包括计划能力、决策能力、组织能力和人际能力等要素。Herbert（1999）提出计划组织、分析判断、战略思维、管理服务、沟通交流、人际技能、坚毅果决、灵活适应、主动进取、成功欲求、市场意识等要素为职业经理人的胜任力素质。Lewis（2002）开发出来的酒店经理胜任力素质模型包括乐观、热情、自信、自学、诚实、成就、创新、洞察、引领、人际关系、服务客户、组织关怀、信息获取、专业技能、团队合作、自我约束、科学思维、沟通交流等系列要素。Bueno（2004）提出敏感、灵活、沟通、开放、尊重、学习为全球领导力模型的关键六要素。时勘、王继承（2002）提出自信自强、社会责任、调查研究、管控驾驭、人际洞察、商业思维、识人用人、全局影响、主动作为、成功渴求为构成通信管理干部胜任力素质模型的要素。姚翔、王垒（2004）对 IT 企业项目管理者的胜任力素质模型进行了开发，指出品德、格局、应变、个性、为人是该模型的内容要素。张德、魏军（2005）提出处理关系、沟通交流、参谋咨询、展示演示、获取信息及主动进取为商业银行客户经理胜任力素质模型的构成要素。刘学方、王重鸣（2006）提出战略思维、诚实有信、科学决策、组织承诺、把控全局、开拓进取、勤于学习、善于交际等要素为家族企业接班人胜任力素质模型的构成要素。

本章小结

本章是整个研究的起点，为后面各章的展开奠定了研究基础。首先，开展技能人才创新素质激发相关的文献综述；其次，界定相关基本概念，包括技能人才、创新素质和创新素质激发；最后，梳理了技能人才创新素质激发理论基础的相关理论基础，包括激励理论、创新理论、人才理论和创新理论。

本书将技能人才界定为“在产业领域中具有一定的专业知识，掌握一定的工艺和技术，能够独立使用工具、设备进行操作或生产加工的熟练或比较熟练的工人，主要包括生产一线从事操作类劳动中的初级工、中级工、高级工、技师和高级技师以及相应职级的人员”。技能人才具有以下几个特点：一是理论知识专精；二是实践经验丰富；三是动手操作能力较强；四是创新能力较好；五是职业道德高尚。本书认为创新素质是指在人的先天生理心理素质基础上，在创新实践活动中通过后天环境影响和教育训练所获得的全面、稳定、长期表现出来并对创新活动发挥关键作用的稳定身心要素的总称。

第二章

基于知识图谱的技能人才创新素质激发模型构建

第一节 知识图谱技术阐述

一、知识图谱的开发

20 世纪 80 年代，中国科学计量学的研究在国际舞台上开始崭露头角，自 20 世纪 90 年代中后期起迅猛发展起来并在科学研究领域中发挥着重要的作用。尽管如此，科学计量学在方法论、理论模型、新研究方向开辟等层面却几乎毫无建树。直到近年随着大数据时代的到来出现了信息可视化技术和知识图谱技术，才使科学计量学的发展出现了朝新研究方向拓展的转机，最新的研究成果被迅速应用到各个行业领域。通过使用最新的 Ucinet、CiteSpace、DIVA 等文献计量研究软件来应用科学知识图谱技术，能够将有关创新素质研究的变化规律和发展趋势做到清晰的可视化。

CiteSpace 是 Citation Space 的简称，其中文义为“引文空间”，该软件由美国教授陈超美（Chaomei Chen）开发出来并广泛应用，主要是因为该软件具有较好的兼容性及较高的可视度。陈超美教授也因此成为当代信息可视化与科学知识图片领域中的国际顶尖领军人物，被国内外同行专家高度评价和赞誉。Citespace 软件（早期名为 StarWalker 软件）开发的主要灵感来自 Thomas Kukn 的科学结构的演进。Thomas（1962）认为，“科学研究的重点会随着时间变化而不同，有时速度会缓慢（incrementally），有时又会比较剧烈（drastically）”，据此通过提取已经发表的文献能够清晰显示科学发展的轨迹。刘则渊（2011）以“一图展春秋，一览无余；一图胜万言，一目了然”来概述科学知识图谱，并将其定义为“科学知识图谱以知识域（knowledge domain）为对象来显示科学知识结构关系与发展进程”。

二、知识图谱的应用

CiteSpace 是一款在数据和信息可视化（Data and information visualization）和科学计量学（Scientometric）背景下发展起来的引文可视化分析软件，主要用于分析蕴含在科学文献中的潜在知识，具有分时、动态、多元的特点。CiteSpace 软件实现了科学计量学与计算机科学、信息科学、应用数学、图形学等学科的交叉结合，专门针对文献的共引进行分析并挖掘引文空间的知识聚类和分布，综合运用信息处理、数据分析、知识计量和图形绘制等技术手段将科学知识的复杂领域显示出来。随着 CiteSpace 软件的不断更新完善，它能够从宏观、中观、微观等不同层面揭示某个领域或学科的发展概貌，并将学科知识和最前沿领域的信息汇聚点用直观的图像展现出来，便于人们全面审视某个学科或领域的研究热点、重点或结构等关键信息，新的知识从而形成。CiteSpace 软件已经不仅提供引文空间的挖掘，还能够提供其他知识单元诸如作者、机构、国家/地区的合作之间的共现分析功能。CiteSpace 软件工具能够方便研究者把握某一学科或领域中的学术前沿和研究趋势，主要是因为其可以快速找到相关研究的高引用文献。此类方法可通过可视化的手段来呈现科学知识的结构、规律和分布情况，呈现出来的可视化图形称为“科学知识图谱”（Mapping knowledge domains，MKD）。

第二节 创新素质影响因素的外文文献计量

一、数据来源

WoS 是美国 Thomson Scientific（汤姆森科技信息集团）基于 Web 开发的引文索引数据库产品，涵盖三大引文库（SCI、SSCI 和 A&HCI）和两个化学数据库（CCR、IC），以及科学引文检索扩展版（SCIE）、科技会议文献引文索引（CPCI－S）、社会科学和人文科学会议文献引文索引（CPCI－SSH）三个引文数据库，其索引平台为 ISI Web of Knowledge。

WoS 数据库收录了 12000 多种世界权威的、高影响力的学术期刊，内容涵盖社会科学、艺术与人文、自然科学、生物医学及工程技术等领域，最早可回溯至 1900 年。WoS 对收录论文所引用的参考文献以被引作者、出处和出版年代的顺序，汇编成独具辨识性的引文索引。

二、研究过程

（一）数据检索

登录 Web of science，进入检索界面。数据库选项中选择“核心数据库”，搜索时间自动跳转为“1990～2021 年”。在检索栏中输入“innovative quanlity”，进行“标题”检索，构建数据检索策略。得到检索结果 23299 条，结合创新素质文献回顾可知，相关研究成果主要集中从教育学角度集中在大学生创新、创新教育、中小学生、课堂教学等，从经济管理角度做出的研究成果不多，研究视角较为分散。由于本书主要聚焦于经济管理学科，从企业视角研究技能人才创新素质问题，因此，接下来对“innovative quanlity”基于主题的搜索结果进行“类别”筛选。根据本书研究需要，仅选择了“management（1331 条）”和“business（766

条）”文献目录，进行精确检索。检索结果显示，共有 1652 条符合要求（见图 2－1）。

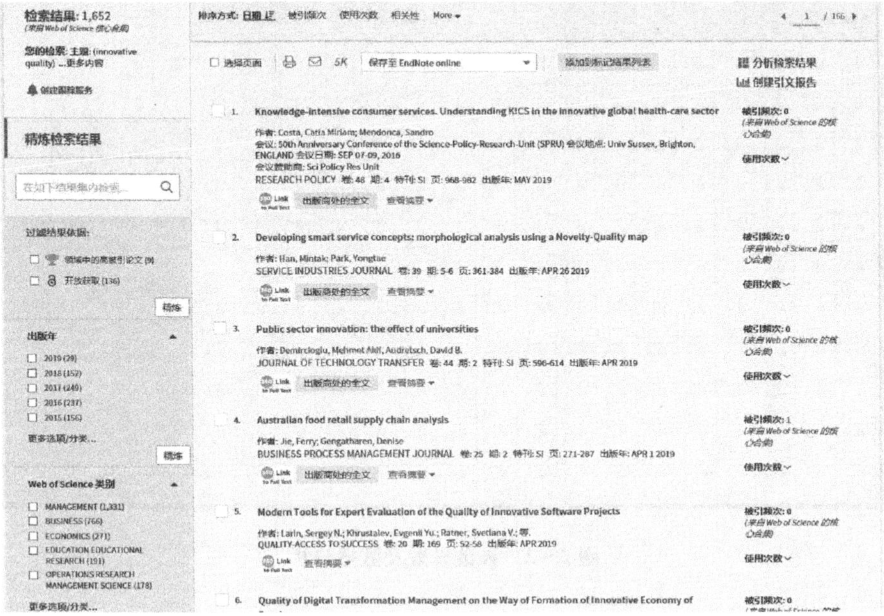

图 2－1　WoS“innovative quanlity”文献检索结果页面

（二）数据处理

选择“保存为其他文件格式”。弹出一个对话框，由于 WoS 只允许一次下载 500 条记录，因此需要分四个批次导出数据。记录内容选择“全记录与引用的参考文献”，文件格式选择“纯文本格式”。单击“发送”将文件保存到 data 目录中，文献分别命名为 CiteSpace 需要的格式“download_0001”“download_0002”“download_0003”和“download_0004”。

打开 CiteSpace，点击功能与参数页面的 New，进入 New Project 界面进行相关参数设置。将 Title 命名为项目名称“innovative quanlity”。Project Home 与 project 文件夹对应，Data Directory 与 data 文件夹对应。其他参数保持默认。返回到功能与参数界面后，对网络参数进行设置，其中 Time Slicing 设置为 1990～2021 年、Node Types 设置为 Keyword 和 Term、Pruning

设置为 Pathfinder 等（见图 2－2）。

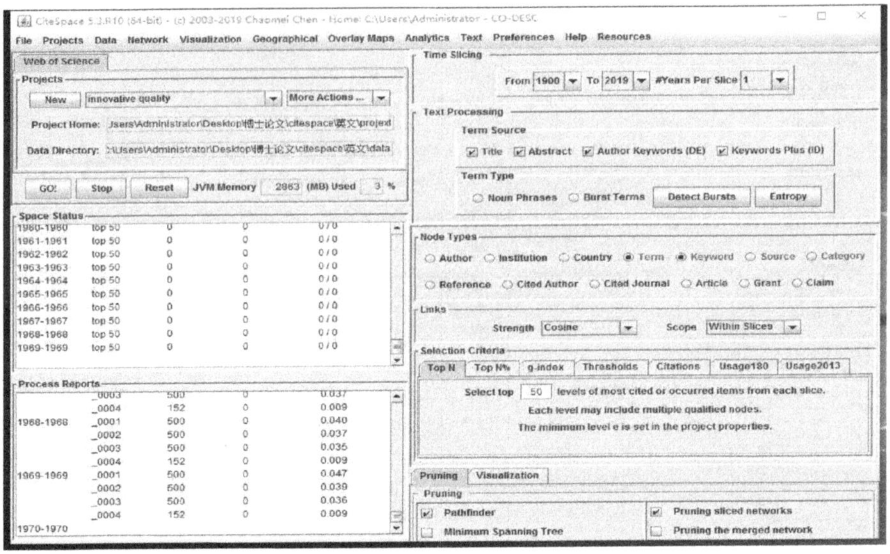

图 2－2　参数设置及数据分析

参数设置好了，点击“Go!”，对 data 文件夹中下载的“innovative quanlity”文献数据“download_0001”“download_0002”“download_0003”和“download_0004”展开文献计量分析。通过 CiteSpace 对 WoS 数据库 1990～2021“innovative quanlity”主题文献数据进行可视化分析，结果如图 2－3 所示。

（三）研究结果

主题被引是基于文献内容分析的科学计量学的一种基本书方法。主题是客观反映文字主旨内容的精要表达，一般由表征实质意义的词组构成。主题频数作为文献计量分析的一个关键指标是指不同节点类型在分析某一领域数据时出现的频次，频次的高低可以反映出某研究领域的热点。统计分析所抽取样本中的主题数据共获得初始核心关键词 6753 个，均值 4.088 个，分析结果符合文献范围的国家标准，因此本书呈现统计结果的客观说服力也达到了要求（吴涛等，2017）。

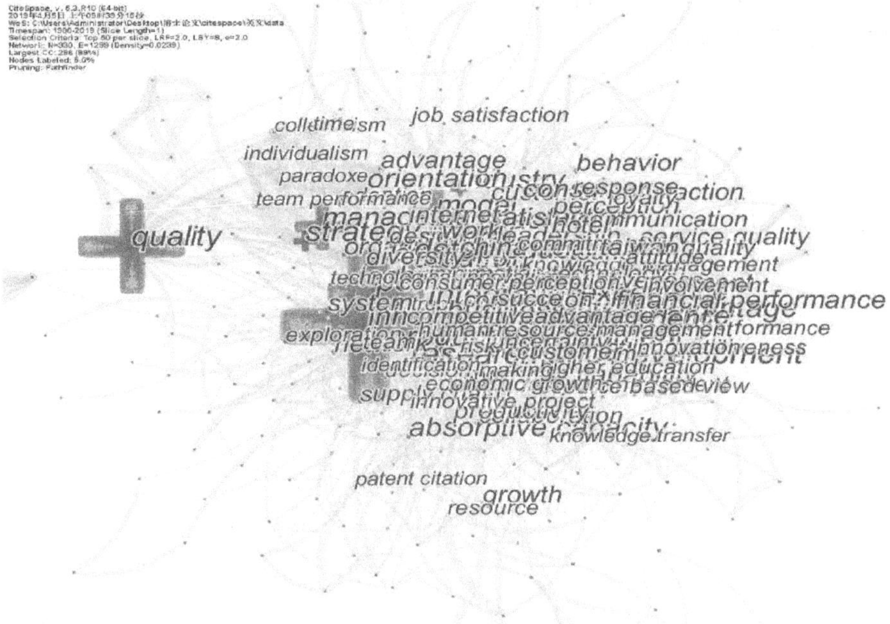

图 2－3　“innovative quanlity”1990～2021 年主题文献分析结果

三、结果分析

某一节点在某一领域中具有中介作用或某一节点在某一领域中影响程度高就是关键词中心性。中心性越高，表明该节点在网络图谱中的最短路径出现得越多，其他节点与其建立共线关系的可能性越大，同时也反映了该节点在网络图谱中的影响力和重要程度越大。图 2－4 左上角为主要运行参数，图上端横条代表时间，颜色由冷色到暖色表示研究时间由远及近。从频次看仅出现 1 次的边缘核心关键词有 2924 个，约占总数的 43.30%。图中节点间连线代表节点与节点间的共线，节点间的联系越密切则连线越粗。图中节点的大小与主题关键词出现的频数成正比。出现频次最高的三个主题分别是“innovation（287 频次）”“quality（185 频次）”“performance（177 次）”。有关创新素质的研究主要集中在“management（202 频次）”

“service（85 频次）”“supply chain（62 频次）”“research and development（57 频次）”等领域。

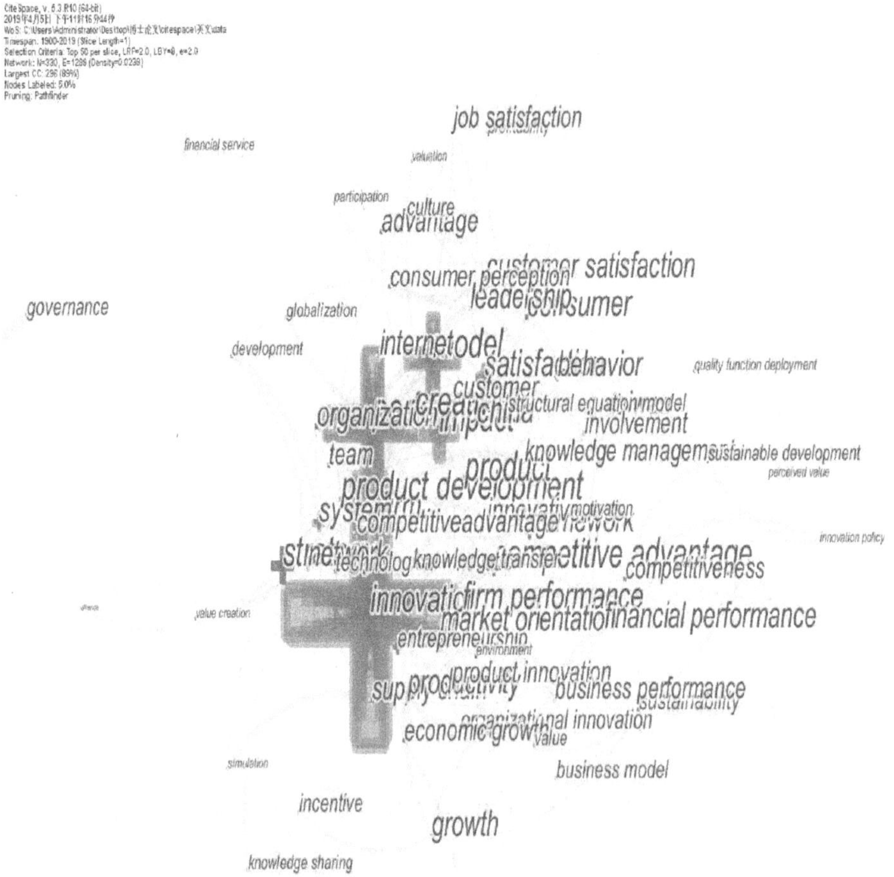

图 2-4 经勾选后的主题文献分析结果

从名词属性来看，高频主题主要可分为四大类：第一类是以“model”“impact”等不同表示创新素质影响因素关系的词；第二类是以“innovation”“performance”等不同变量为范畴的词；第三类是以“knowledge transfer”“innovation policy”等创新支持对策为范畴的词；第四类是以“organization”“human”等不同研究层次为范畴的词。考虑到不同群体创新素质研究会产生变量使用的交叉现象，在对变量内容进行分类从变量名词入手。将出现频次排名靠前的四类列举核心关键词列举如下。

由于图形内容较为复杂，勾选掉与创新素质内容相关的主题如“quality”“knowledge”“trust”“teamwork”“capability”“experience”“perception”“loyalty”“implementation”等以及领域相关的主题如“management”“research and development”“quality management”“tourism”等，得到简化后的主题文献分析结果（见图2－4）。

第三节　创新素质影响因素的中文文献计量

一、数据来源

本书的原始中文数据都是通过检索知网（CNKI）数据库而来。知网（CNKI）又称中国学术期刊网络出版总库，是由清华同方光盘股份有限公司、光盘国家工程研究中心和中国学术期刊（光盘版）电子杂志社共同研制出版的综合性全文数据库，其内容涵盖人文社会科学、哲学、自然科学、医学、工程技术、农业等各个领域，目前共收录国内学术期刊8000余种，全文文献量达到4000万余条，是世界上最大的连续动态更新的中国期刊全文数据库。

二、研究过程

（一）数据检索

登录中国知网首页，进入检索界面。点击首页右上角的“高级检索”，进入高级检索界面。选择“篇名”或者“关键词”，在检索栏中输入“创新素质”，匹配方式选择“精确”，时间选择“1979.1.31～2021.12.31”，构建数据检索策略。

根据检索结果，结合创新素质文献回顾可知，相关研究成果从教育学角度集中在大学生创新、创新教育、中小学生、课堂教学等，从经济管理角度做出的研究成果不多，研究视角较为分散。由于本书主要聚焦于经济管理学科，从企业视角研究技能人才创新素质问题，因此，接下来对“创新素质”基于篇名或关键词的搜索结果进行“文献分类目录”的筛选。根据本书研究需要，仅选择了“哲学人文社会科学—心理学”“社会科学Ⅱ辑—社会科学理论与方法、社会学及统计学、人才学与劳动科学、职业教育、成人教育与特殊教育等”以及“经济与管理”文献目录，从1979. 1. 31 ~2021. 12. 31 进行“创新素质”篇名或关键词的精确检索。检索结果显示，仅有58 篇论文符合要求（见图2 –5）。

图2 –5　中国知网“创新素质”文献检索结果页面

两个文献检索结果页面主题显示，里面包括创新意识、创新思维、创新人格、创新能力等，且根据前面对创新素质内涵界定，创新素质包括创新精神、创新人格、创新思维、创新知识体系和创新能力五个方面。因此，为了保障文献检索的穷尽原则，在“创新素质”文献检索的基础上，同样选择“哲学人文社会科学—心理学”、“社会科学Ⅱ辑—社会科学理论与方法、社会学及统计学、人才学与劳动科学、职业教育、成人教育与特殊教育等”以及“经济与管理”文献目录，分别以“创新精神”“创新人格”“创新思维”“创新知识”和“创新能力”为篇名或关键词从 1979. 1. 31 ~ 2021. 12. 31 精确检索文献。

（二）数据处理

对搜索到的 2752 篇文献，点击“学科”“发表年度”“基金”以及“研究层次”等，对数据的分布进行初步分析。由于 CNKI 只允许一次下载 500 条记录，因此选择检索相对结果较少的“创新素质（83 条）”“创新精神（246 条）”“创新人格（50 条）”“创新知识（70 条）”，选出文献 458 条（有些文章被两个关键词共同检索，选送时只记录其中 1 篇）。

查看已选文献，手工消除勾选并删除不符合要求的文献条目。删除对象包括新闻、会议通知、英文文献等以及明显与本文主题不相关的信息。将剩下的 202 条需要下载的记录选中后，点击数据结果页面导出参考文献进入数据下载页面，使用 Refworks 格式进行 CiteSpace 分析的文献输出。下载时对文献命名为 CiteSpace 需要的格式“download_1111”（见图 2 –6）。

按照同样的步骤分别检索“创新思维（872 条）”和“创新能力（1528 条）”。查看已选文献，手工消除勾选并删除新闻、会议通知等不符合要求的文献条目。将剩下需要下载的记录选中后，点击数据结果页面导出参考文献进入数据下载页面，使用 Refworks 格式进行 CiteSpace 分析的文献输出。下载时分别对文献命名为 CiteSpace 需要的格式“download_2222”和“download_3333”。

（三）研究结果

打开 CiteSpace 对代表下载的“创新素质”等文献数据“download_1111”“创新思维”文献数据“download_2222”和“创新能力”文献数据

图 2－6　数据格式及数据下载

“download_3333” 分别进行数据转化，并将转化结果统一放到一个文件夹中为数据做准备。经转换后形成了 1653 个文档，代表与“创新素质”主题相关的 1653 篇中文论文（见图 2－7）。

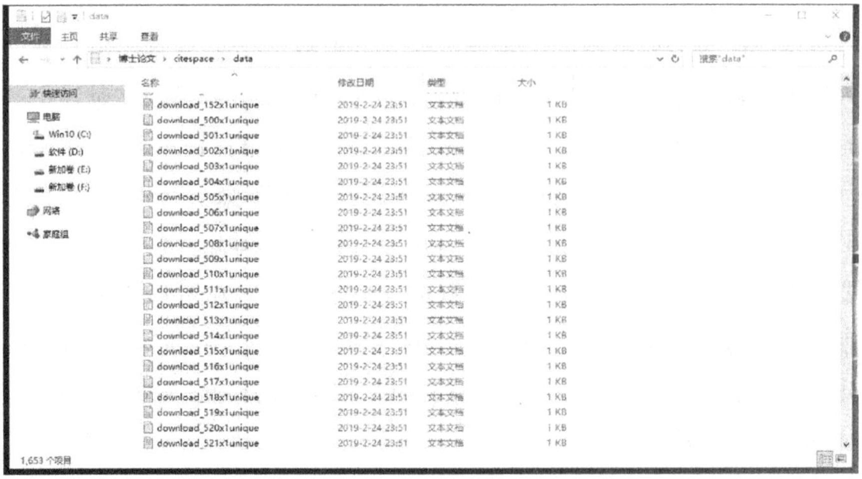

图 2－7　数据转换结果

点击 CiteSpace 功能与参数页面的 New，进入 New Project 界面进行相关参数设置。将 Title 命名为项目名称“创新素质”。Project Home 与 project 文件夹对应，Data Directory 与 data 文件夹对应。其他参数保持默认。返回到功能与参数界面后，对网络参数进行设置，其中 Time Slicing 设置为 1979～2021，Node Types 设置为 Keyword，Term、Pruning 设置为 Pathfinder 等（见图 2－8）。

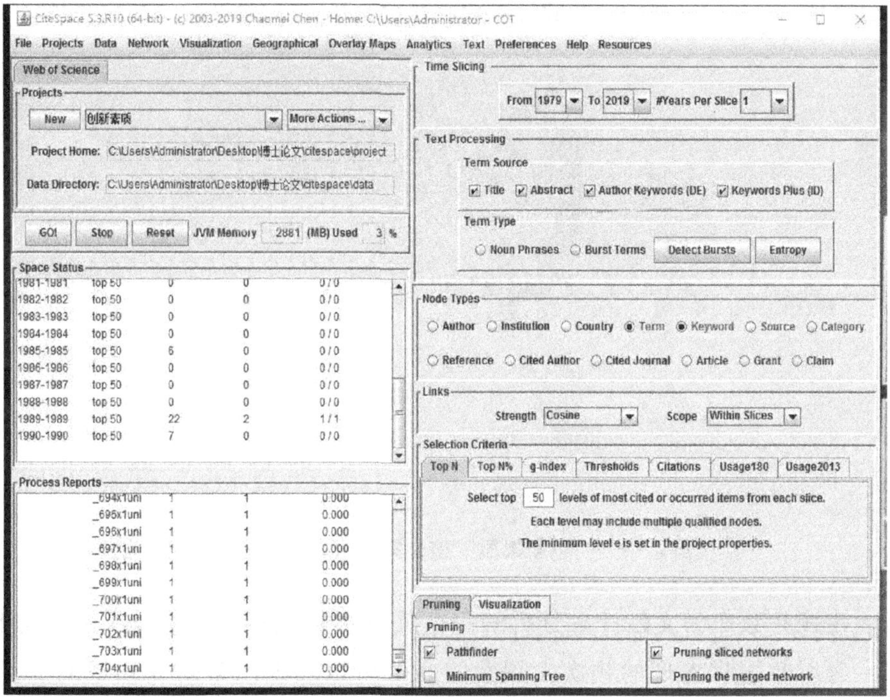

图 2－8 参数设置及数据分析

参数设置好了，即可点击对数据进行分析。通过 CiteSpace 对 CNK 数据库 1979～2021“创新素质”核心关键词文献数据进行可视化分析，结果如图 2－9 所示。

三、结果分析

主题被引是基于文献内容分析的科学计量学的一种基本方法。核心关键词是客观反映文字主旨内容的精要表达，一般由表征实质意义的词组构

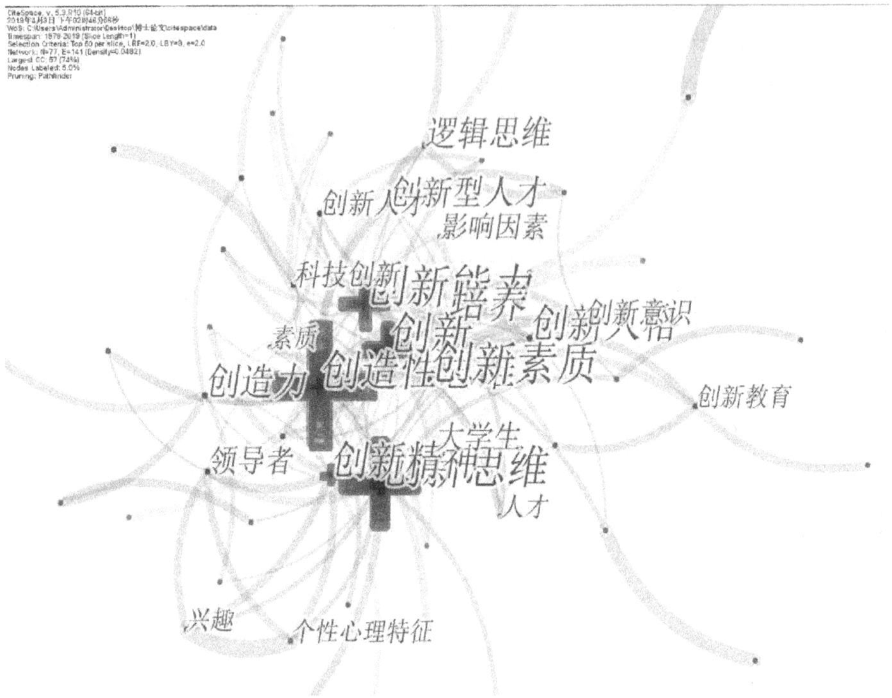

图 2－9　“创新素质”核心关键词文献分析结果

成。主题频数作为文献计量分析的一个关键指标是指不同节点类型在分析某一领域数据时出现的频次，频次的高低可以反映出某研究领域的热点。统计分析所抽取样本中的主题数据共获得初始核心关键词 4890 个，均值 2.958 个，分析结果符合文献范围的国家标准，因此本书呈现统计结果的客观说服力也达到了要求（吴涛等，2017）。

某一节点在某一领域中具有中介作用或某一节点在某一领域中影响程度高就是关键词中心性。中心性越高，表明该节点在网络图谱中的最短路径出现得越多，其他节点与其建立共线关系的可能性越大，同时也反映了该节点在网络图谱中的影响力和重要程度越大。图 2－10 左上角为主要运行参数，图上端横条代表时间，颜色由深色到浅色表示研究时间由远及近。从频次看仅出现 1 次的边缘核心关键词有 3326 个，约占总数的 68%。出现频次最高的三个核心关键词分别是“创造性思维（155 频次）”“创新思维

(124 频次)”“创新能力 (92 次)”。这三个核心关键词都是关于创新内容的，且创造性思维与创新思维为同义词。

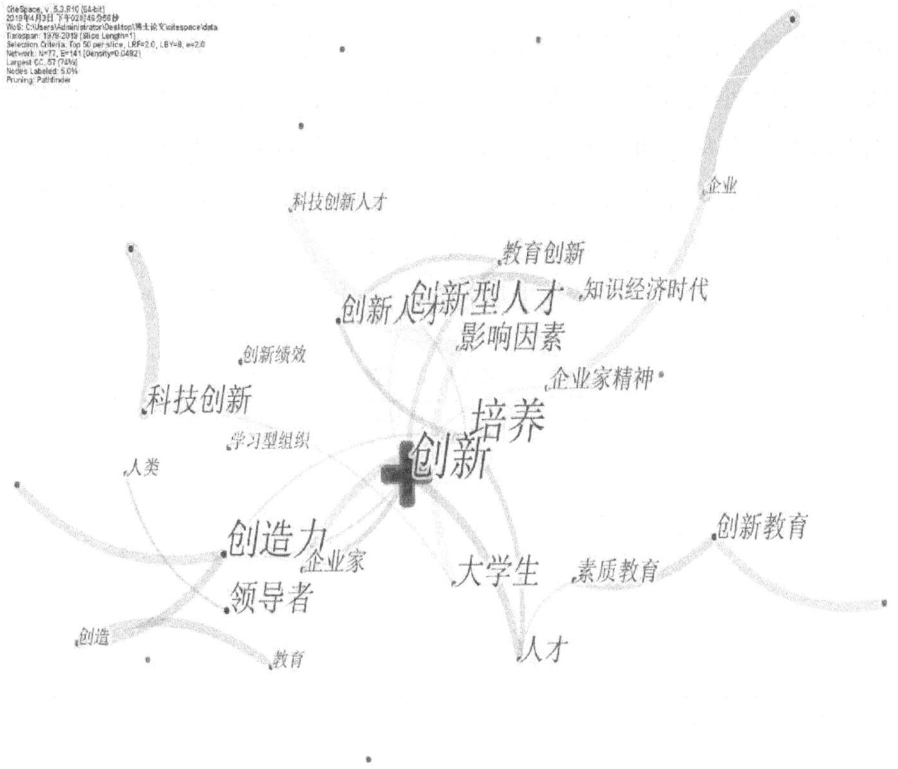

图 2－10 经勾选后的核心关键词文献分析结果

勾选掉与创新素质同义且为创新素质内涵构成的核心关键词创新素质、创新能力、创新思维、创新人格、创新精神、创新知识等。勾选后，发现还有从属创新素质子内容的核心关键词，如创新思维中的逻辑思维、发散思维等，创新人格中的兴趣、个性等，进一步进行勾选。

图 2－10 中节点间连线代表节点与节点间的共线，节点间的联系越密切则连线越粗。图中节点的大小与关键词出现的频数成正比。因为与本书研究领域确定为创新素质的检索策略有关，所以可以清晰看到图中最大的节点是“创新”。其次是“培养”“创造力”“创新型人才”等节点。图中带深色外圈的核心关键点表示中心性大于等于 0.1 的“创新教育”“领导

者""人才"等关键词，说明这些核心关键词较高的影响力和与其他关键词较高的相关性。

从名词属性来看，高频核心关键词主要可分为四大类：第一类是以"大学生""创新型人才"等不同群体名词为范畴的词；第二类是以"创新绩效""学习型组织"等不同变量为范畴的词；第三类是以"素质教育""创新教育"等从教育学角度不同变量为范畴的词；第四类是以"人类""知识经济时代"等不同研究层次为范畴的词。考虑到不同群体创新素质研究会产生变量使用的交叉现象，从变量名词入手对变量内容进行分类。将出现频次排名靠前的三类列举核心关键词列举，如表2-1所示。

表2-1　国内创新素质高频核心关键词分类统计

群体类	频次	变量类	频次	教育类	频次	层次类	频次
创新人才*	25	创新*	135	创新教育*	39	企业	15
科技人才*	22	创造力	47	培养	24	知识经济时代	9
大学生	12	创新绩效	42	素质教育	22	人类	7
人才	7	领导者*	35				
		学习型组织	27				
		企业家精神	9				

注：带*的核心关键词已进行同义词合并处理。

第四节　技能人才创新素质影响因素及激发模型

一、基于文献计量的创新素质影响因素分析

（一）国内外文献计量对比分析

根据国内外"创新素质"文献计量分析结果，经比较和分析后可以看出，创新素质的研究包括四个层次，国家/地区、组织、团队和个体。国内外文献都较为集中地以组织和企业为研究主体，从中观视角研究创新素质问题，同时辐射宏观政府层次和微观个体层次（见表2-2）。

表 2-2　　文献计量研究层次汇总

研究层次	国外文献	频次	国内文献	频次
国家/地区	China	15	知识经济时代	9
	governance	23		
组织/企业	organization	76	企业	15
团队	team	12		
个体	human	52	人类	7

创新素质的变量涉及的内容较为繁杂，经分析后可以将变量归纳为结果变量和影响变量两个方面。从分析结果来看，国内外的研究较为集中在结果变量，且结果变量内容较为丰富，涉及的变量名词较为丰富，其中最主要的在中观层次和微观层次是创新绩效，在宏观层次是创新力。影响变量相对较少，但种类较为丰富，研究成果也相对较为集中，主要从中观层面涉及“满意度（satisfaction）、战略（strategy）、领导者（leadership）、企业家精神（entrepreneurship）、参与（involvement）和文化（culture）”（见表 2-3）。

表 2-3　　文献计量研究变量汇总

研究变量	国外文献	频次	国内文献	频次
结果变量	innovation	317	创新	135
	performance	163	创造力	47
	creativity	87	创新绩效	42
	development	74		
	competition	49		
影响变量	satisfaction	72	领导者	35
	strategy	67	学习型组织	27
	involvement	51	企业家精神	9
	leadership	41		
	incentive	33		
	entrepreneurship	32		
	culture	24		

同时，还有从宏观层面涉及的支持类变量“政策（policy）、环境（environment）、知识传递（knowledge transfer）、财政（financial）和价值观（value）”。另外，从创新素质关系类也可以看出来各变量之间“相互作用（integration）”“影响（impact）”创新素质，其中有些变量是“前因（antecedent）”变量，有些是结果变量。根据变量之间的关系构建创新素质“模型（model）”，形成有关创新素质影响关系的研究“框架（framework）”，运用“结构方程（structure equation）”的研究方法探讨变量之间的关系，形成创新“激发（motivation）”系统。

（二）各变量与创新素质的关系

高频词的界定按照文献计量分析的惯例可参照核心作者的方法，选择检索词（含同义词）之后的首个关键词作为计算对象来进行。面对不同的研究情境，高频词的界定也可以遵循文献计量的基本原则适当调整以适应实际调研需求来做灵活处理（Wang，2018）。在本书情境下的高频词，国外文献最低值为24，国内文献最低值为9。提取词频数据后，构建创新素质研究热点。

1. 创新素质与创新绩效（performance、creativity）

Zhou 和 Oldham（2001）、郑建君等（2010）认为，员工的个人创新素质显著正向影响其个人创新绩效。具有较高创新素质的个体会主动搜索并整合多种信息，产生偏离常规的新的思想，创造性相关的技能进而影响创造性的产生。徐东东（2014）研究发现，对创新的意愿以及创新的结果具有显著的正向影响因素是员工创新能力。赵晓霞等（2012）将艾克森人格理论运用于科技人才的管理与研究，实证了创新绩效受员工创造性人格的积极影响。员工所拥有的知识、天赋及上级监督对员工创新力的交互作用，显著影响创新绩效的产生。Madjiar（2015）通过研究情绪和不同来源信息的支持对员工创造力的影响指出，创造力和与工作相关的员工创新素质支持有着显著的关系。具有较高创新素质的员工在工作场所中善于利用反馈来获取别人的观点，矫正自己的行为，这有助于激发创新积极性，提升创新绩效。

2. 创新素质与企业竞争力（development、competition）

企业的竞争力源于企业的竞争优势，企业竞争力无论是产品层的产品研发还是核心层的创新能力，都与个人创新素质引发的企业创新能力有关。谢言（2013）认为，由创新素质引发的原始性创新具有独占性、领先性、原创性等特点，这使企业能够保持技术领先并难以被竞争对手模仿或超越，从而成为企业竞争力提升的重要源泉，因此以创新为核心的动态竞争已成为发展和提升企业竞争力的必然选择。朱乃平等（2014）发现，技术创新对企业财务绩效有短期内促进提升和长期内促进增长的作用，因此被视为企业竞争力的真源泉。马小龙（2014）发现对中小企业成长性有着很大的影响因素是研发投入。葛红岩（2009）认为，企业只有提升员工创新素质实现技术创新才能具有独特的竞争优势，同时企业竞争力是促进与引导企业创新的重要因素，具有较强创新能力的企业才能为创新提供足够的人才、技术、资金等资源，为创新素质的激发提供良好的外部环境和条件。

3. 创新素质与工作满意度（satisfaction）

工作中个体积极或消极的感觉就是工作满意度，工作满意度越高的员工就越有可能积极工作。工作满意度是内生动机的一种形式。Puccio 等（2000）研究发现工作环境的适当改善可以有效提高员工的个人创新素质。Amabile 等（1996）发现员工承担具有挑战性工作时，员工创新素质体现得更加充分。一般而言，工作满意度是员工良好绩效的一个关键因素。Ryan（1983）和 Deci（1985）认为工作满意度与创新行为之间存在相关性，主要体现在工作满意度高有利于促进员工的创新行为及创新活动。工作满意度与正向的工作成果密切相关。若员工在工作中能行使自主权，员工报酬公平感越强，在组织中满意度越高，将会提出越多新颖的想法，越能提高绩效。Ling 等（2013）通过对知识型员工的实地调查研究也论证了这一观点，工作自主性越高、对自身挑战越大、其报酬越高，员工对工作越满意，工作效果越明显。组织沟通越通畅、工作反馈信息越多，员工的工作满意度就越高，其工作绩效就会越高。

4. 创新素质与企业战略（strategy）

企业对探索和开发创新活动的资源配置，一直以来都是领导者进行研发决策的核心问题。领导者需要评估企业的技术能力，并选择恰当的创新战略方式来与企业所处的内外部环境相匹配，以获取持续而稳定的创新绩效。王风彬等（2012）认为，企业在创新过程中既要不断探索新知识，以适应新环境，也要充分利用已有知识，以确保盈利。Jansen 等（2006）、He 和 Wong（2004）指出可以使用探索式创新和利用式创新来界定企业创新战略的类型。何建洪（2012）提出，企业不管是采用利用式创新还是探索式创新的方式，只要其创新策略明确且坚定，都能正面影响创新管理体系和创新绩效。而那些更具有冒险精神、开放性及合作意愿更强的创新策略促使企业知识产权保护能力更强，可以更及时地获取市场信息资源和技术资源，为员工创新提供更优质的信息和技术条件，激发员工积极开展创新活动。March（1991）认为，相对于探索式创新，组织更愿意选择利用式创新，利用式战略比较重视组织的变革和创新，愿意承担风险，勇于开拓。因此，有利于通过知识共享提高员工的学习能力，进而提升员工创新素质。

5. 创新素质与工作投入（involvement）

工作的自主性、复杂性及挑战性等特征都会影响员工的创造性，员工也会因此而激发出创新素质使得更多的创造力表现出来。Culbertson 和 Fullagar（2012）指出，工作投入是一种能够通过产生正向能力来影响个体心理状态及提高员工创新素质的积极情绪。Kim（2010）认为，员工收集信息和识别问题更有效率进而提出更多科学方案，也有更多时间和精力被员工投入参与创造。创新素质较高的个体通常会以积极参与和提出新的工作方式来抓住每一次机会，主动付出超出工作要求之外的努力和尝试，这种积极参与的心理状态正向影响着员工的创造力。Bakker 和 Brummelhuis（2012）证实，主动投入高的个体有着完成任务绩效的强烈意愿并为此坚持不懈地关注工作任务和主动学习。Kahn（1990）认为，员工工作投入与工作绩效相关性比较强且正相关。Salanova（2005）通过实证研究发现，工作投入需要通过服务气氛的中介作用来对员工绩效产生影响，两者之间并不显著相关。

6. 创新素质与领导风格（leadership）

Oldham（1996）发现领导者在影响组织战略的同时还深刻地影响着员

工的工作态度、行为等创新素质，其在整个组织中的重要性毋庸置疑。Bass（2009）认为领导及管理者的个人特质通过提供情感支持、公平评价员工、鼓励并及时反馈员工的建言等行为来激发员工的内在动机从而对员工创新能力的发挥产生影响，进而对员工的创新素质产生重要影响。领导风格的认同对员工的创新素质有调节作用，员工的创造力会因对创新鼓励程度的改变而有所影响。领导风格分为两种类型，一种为变革型领导，另一种为交易型领导。Lee 和 Change（1994）研究发现，变革型领导激发员工的创新素质善于通过关注和发掘员工内在需求的角度来实现。领导者所提供的支持与反馈会通过影响下属的心理授权在一定程度上对员工创新性起到推动作用，进而影响员工的创新行为。Zhou 和 Shin（2003）通过韩国的公司调查发现具有高情绪智力的领导可以更好地提高团队成员的创造力，这验证了变革型领导风格对创新绩效具有正向影响。

7. 创新素质与动机（incentive）

尽管员工具备了创新的相关知识和技能，但如果不能激发创新动机，这些创新知识和技能则很难转化为创新行为而仍然只能储存于员工的头脑中，可见创新可能性存在的主体条件是创新动机。Simonton（2000）对组织员工基于动机视角展开创新素质的研究，发现内、外动机共同构成情境型动机，内在与外在的激励偏好都与员工创新素质显著相关，内在与外在的激励偏好都能对员工创新素质进行预测。动机会从内部促使员工产生创新的动力，这种创新动力能进一步转化为创新行为及绩效，这就是员工动机对创新素质的产生影响的机理。Amabile（1994）提出员工工作中的挑战以及满意度、参与活动的热情及兴趣都会影响动机的形成，而内生动机会对员工创新行为产生综合性的影响。衡元元（2015）认为，若一项工作是员工感兴趣的领域，工作能给予员工挑战且是员工经过努力能完成的任务，这会积极影响员工创新素质的提升，因此内生动机决定了员工做出创新绩效意愿的程度。

8. 创新素质与企业家精神（enterpreneurship）

作为经济重要主体之一的企业，其经济增长和创新发展受企业家精神的驱动，因此企业家精神是推动企业发展壮大的一个重要因素。彼得·德鲁克曾说过，“企业家精神既是经济和技术的，还是文化的和心理的。”企业家在组织与员工的创新活动中作为决策者与支持者，对员工的创新素质产生影响主要体现在引导与扶持两个方面。企业家促进创新行为与绩效，主要是通过对内部的各种创新资源进行合理分配与规划组织，从而保障创新活动开展过程中的各个环节能够相互衔接来实现。Linda（2001）指出，具有较强开放性与创新性思维的管理者通过自身带动，能够很好地激励与提升员工的创新素质与创新绩效。杨珍（2010）从领导者角度进行员工创新素质影响因素的研究发现，企业家本身所体现的创新品格、个性和思维对员工创新素质有着显著的影响。企业家勇于承担不确定性的冒险精神和勇于创新精神对于员工创新素质的激发具有重要作用。

9. 创新素质与学习型组织文化（culture）

学习型组织文化是组织良好创新氛围的体现。创新氛围在创新活动全过程中发挥着潜移默化的作用，渗透于创新活动的全过程。创新氛围对员工创新活动的开展及创新素质的提升发挥着重要的作用，既能为员工的创新方向提供正确引导，又能为员工创新想法的提出与实现提供创新灵感与拓展平台。王仙雅等（2014）发现，公平、沟通和信任的氛围都需要通过隐性知识共享行为的中介作用来对员工创新素质产生影响。组织创新氛围良好的情景能够促进工作满意度比较高、离职意向比较低的员工表现出更多的创造性行为。陈文沛等（2013）、张宁俊等（2015）、杜鹏程等（2015）均证明正向的差错管理氛围容易激发员工的创新素质，而负向的组织氛围——差错反感氛围对创新素质具有负向的影响作用。此外，Shalley（2009）研究指出，员工创新素质与支持性组织氛围的交互关系，工作的复杂性会调节该交互关系进而影响员工创新素质，以此为基础得到了支持性的组织氛围有利于激发员工的创造力的结论。

二、技能人才创新素质激发模型

（一）个体层面技能人才创新素质激发

根据文献计量变量与创新素质关系研究结果，创造力和与工作相关的员工创新素质支持有着显著的关系（Madjiar，2015），企业家本身所体现的领导特质通过提供情感支持、公平评价员工、鼓励并及时反馈员工的建言等行为激发员工的内在动机，影响员工创新能力的发挥（Bass，2009）。其中变革型领导更善于关注和发掘员工的内在需求，激发员工创新素质（Lee & Change，1994）。工作满意度是内生动机的一种形式，当员工承担具有挑战性工作时，动机会从内部促使员工产生创新的动力，员工创新素质体现得更加充分（Amabile，1996）。当员工投入更多时间和精力参与创造过程时，创新素质较高的个体通常会抓住每次机会，更有效地识别问题、收集信息从而提出更多有效的方案（Kim，2010）。而创新素质与个人创新绩效、创新素质与个人所在组织的创新绩效之间都具备高度的相关性（Kirton，1976），在社会环境影响下创新素质与创新绩效的关系通过建立关系模型能较好地解释从素质到绩效的作用过程。其概念模型含义如图 2－11 所示。

图 2－11　个体层面创新素质激发模型

该模型将变革型领导和内生动机作为前因变量，将工作投入和创新绩效作为结果变量。从模型中可以看出，技能人才创新素质受变革型领导和内生动机的影响，共同强化或弱化创新素质。其中领导者勇于承担不确定性的冒险精神和勇于创新精神促使技能人才产生创新的动力，对于技能人才创新素质的激发具有重要作用。工作投入也是该模型中的重要的一部分，在变革型领导和内生动机强化创新素质的基础上，复杂和挑战性工作促使技能人才加大对工作的投入，最后从创新绩效中表现出来，产生更多的创造力。

（二）组织层面技能人才创新素质激发

根据文献计量变量与创新素质关系的研究结果，组织创新战略和组织创新氛围两个组织层面的变量对创新素质具有重要的影响。企业创新战略所处的内外部环境相匹配程度，在很大程度上取决于领导者对企业技术能力的评估以及恰当的创新战略方式选择。通过实地调研发现，在获取组织的支持上如果存在一定难度的挑战性条件就会引发员工浓厚的兴趣、增强员工内在的成就动机，进而促进员工创新素质的超水平发挥（Shalley，2000）。那些更具有冒险精神、开放性及合作意愿更强的创新策略能促使获取提供更优质的信息和技术条件，激发员工开展创新活动的热情（王凤彬，2012）。个人通过组织创新氛围接收到组织对他所期望的行为表现目标后，个人会规范自身的行为来回应期望、完成目标。信任氛围、沟通氛围和公平气氛通过影响员工创新素质，提高工作满意度比较高，促进他们表现出更多的创造性行为，得到支持性的组织氛围有利于激发员工的创造力（王仙雅，2014）。

该模型将组织创新战略和组织创新氛围作为情境变量都对创新素质产生影响（见图2－12）。组织创新战略在创新素质前因关系模型中是重要的情境因素，在变革型领导通过内生动机影响技能人才创新素质过程中，发挥调节影响作用，以区分不同企业创新战略下变革型领导对技能人才创新素质的影响差异。组织创新氛围在创新素质结果关系模型中作为一种组织情境因素存在发挥影响作用，调节创新素质通过工作投入影响创新绩效过程。组织创新氛围作用于个体层面，调节个体因素，对技能人才创新绩效产生影响。

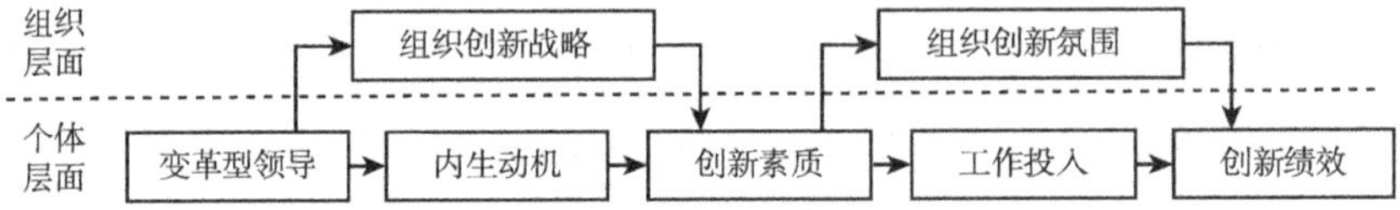

图2－12　个体和组织层面创新素质激发模型

（三）国家层面技能人才创新素质激发

从文献计量结果来看，“policy、environment、knowledge transfer、financial、value”分别代表“政策、环境、知识传递、财政和价值观”，这些能够对创新素质产生作用的影响因素来自国家宏观层面（见表2－4）。

表2－4　　文献计量国家层面变量汇总

文献	变量	支持类
policy	政策	政策法律
environment	环境	社会文化
knowledge transfer	知识传递	知识管理
financial	财政	财政金融
value	价值观	公众认可

我国技能人才创新正处于起步和成长阶段，既缺乏创新资金，又缺乏创新人才。企业研发投入补助和企业经费支出的税前列支等政策，能有效激发员工创新积极性。社会支持性的创新文化让员工处于一个没有威胁的包容性社会环境中，使他们的选择倾向有一定风险的创新行为。知识管理通过知识和信息共享，以知识作为资产，企业和科研机构合作形成创新链，通过跨层次、跨行业来进行学习与知识共享的创新，打造学习型组织和文化，推动实现企业经营过程的创新。财政金融支持在资金上给予倾斜，建立以政府投入为主导、金融信贷为支撑广泛吸引社会资金和国外投资的多元化投融资体系，对员工创新顺利开展给予资金保障。公众对创新社会认同，会产生凝聚共识的合力，创新素质提升成为社会各群体较一致共识的核心观念。个体、组织和国家层面不同因素对创新素质综合刺激，形成多层次影响关系模型，能积极正向影响员工创新素质（见图2－13）。

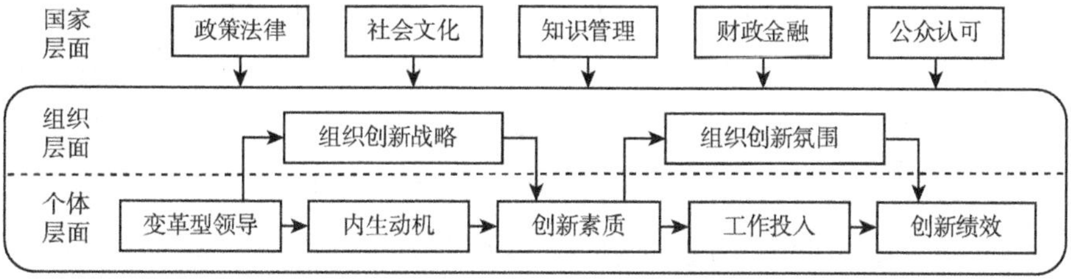

图2－13　个体、组织、国家层面创新素质激发模型

第五节　技能人才创新素质激发模型要素理论阐述

一、变革型领导与技能人才创新素质作用机制相关要素概述

（一）变革型领导

1. 变革型领导的提出

变革型领导（Transformational Leadership）的概念由 Burns（1987）在20世纪80年代首次成体系地提出，他认为变革型领导“是一种通过价值和理想的宣讲来鼓动下属动态提升内在水平的领导类型”①。从这个角度来看，带动下属完成舍小家为大家的过程就是变革型领导的作用，在此过程中个人的道德和能力都随之发生极大的完善和发展。Bass 和 Avolio 等（1987）在 Burns 观点的基础上进一步认为“变革型领导是一种合适带领下属超标准完成工作任务的领导，他们善于通过各种手段来使下属深刻理解工作的意义从而激发自身的高层次需要和内在动机，在与下属建立起共同信任关系的过程中促成个人利益与组织利益相结合并能够以组织利益为重”②。随后，Bass 等（1999）对变革型领导进行了个性化关怀、理想激励、动机鼓舞和智能激发四个维度的区分。

此后，其他学者对变革型领导的概念也从各自的研究角度进行了界定。Bennist 和 Nanus（1985）认为，为了实现一个较高的目标，当领导者与追随者开展协作时，变革型领导就会出现。Fitzgerald 和 Schutte（2010）定义变革型领导“是一种通过描绘美好愿景来凝聚员工、了解员工、帮助员工激发潜能以实现组织利益最大化的激励型领导”。Muijs（2011）认为的变革型领导是“通过激发下属积极性顺势而为推动组织和个体实现变革的领

---

① Burns J. M. Leadership [M]. New York: Haper & Row, 1987.

② Bass B. M., Waldman D. A., Avolio B. J. Transformational leadership and the failing dominoes effect [J]. Group and Organization Management, 1987, 12 (1): 79-87.

导者”。DuBrin（2012）指出，变革型领导是为了增加领导有效性和组织绩效而做出改变的一种领导。Du 等（2011）指出，变革型领导是能针对员工个体之间的差别对其进行智能的激发，并能将共同愿景向员工清晰描绘的一种领导。Yukl（2013）认为，变革型领导是通过尊重和信任的方式来获得忠诚且能做出特殊贡献员工的领导。Rao（2014）认为，变革型领导“通过制定合理目标增强个体的归属感和认同感来实现个体与组织的同步发展的领导”①。

变革型领导理论在国内的相关研究也在不断进步与发展。李超平和时勘（2005）在中国文化背景的基础上，提出了具有中国特色的“个性化关怀、愿景激励、德行垂范和领导魅力”四维度变革型领导理论。蒋闯（2010）认为，变革型领导对员工产生更长远的影响，主要是通过内在激励从而让员工将集体利益置于个人利益之上。孟慧等（2013）认为，变革型领导的愿景激励维度包括目标和认可两个子内容，影响力维度包括品行和魅力两个子内容，智力激发维度包括创新与从善两个子内容，个性化关怀维度包括生活与发展两个子内容。兰菊萍（2013）提出，变革型领导是通过创新手段让员工理解工作的意义来实现更高层次需求，从而主动将个人目标融入组织目标中的一种领导模式。

2. 变革型领导的结构和测量

Burns（1987）提出，变革型领导分为倡导进行局部调整的改革者和主张全盘变革的革命家两种类型。Bass（1985）第一个提出了在变革型领导理论研究领域有着重要地位论述，即变革型领导分为人格魅力、使命感召、智力激发及个性关怀的四维度理论。Bass 和 Avolio（1990）进一步开发出了“人格魅力、使命感召、智力激发、个性关怀”的变革型领导四维度结构模型。Bass 和 Avolio（2004）以四维度结构模型为基础编制了测量变革型领导的目前使用最多的多因素变革型领导问卷 MLQ（Multifactor Leadership Questionnaire）。经过多个国家学者的不断修订和完善，该量表具有理

① Rao M. S. Transformational leadership - an academic case study [J]. Industrial and Commercial Training, 2014, 46 (3): 150 - 154.

想的信度和效度，被广泛应用于实证研究中。李超平和时勘（2005）在Bass的理论指导下以249名员工和管理者为对象展开实证研究，通过问卷调查开发了“德行垂范、愿景激励、领导魅力和个性关怀”的变革型领导四维度结构模型，在此基础上编制了一个符合我国国情的包含20个测题的变革型领导量表TLQ（Transformational Leadership Questionnaire）。

Kouzes和Posner（1987）开发了变革型领导“挑战陈规、调动成员、模范表率、达成共识、激发热情”的五维度结构模型，在此基础上编制了测量团队层面领导型的LPI量表。Rafferty等（2004）开发了“愿景共享、个人认可、智力激发、有效沟通和资源支持”的变革型领导五维度结构模型，但由于后续研究不够没能以此为基础编制出变革型领导的测量量表。

Podakoff等（1990）开发了“绩效期许、个性关怀、促进合作、阐明愿景、榜样示范及智力激发”的变革型领导六维度结构模型。张丽华（2002）针对中国国情开发了的“激发激励、理想鼓动、智力启发、个别关怀、倡导合作和学习创新”的变革型领导六维度结构模型，在此基础上编制了一个包含20个测题的量表。陈永霞等（2006）以Waldman（2001）和Bass等（1999）的量表为基础编制了含领导魅力和感召力两个维度、8个测题的量表。

孟慧等（2013）结合中国实际对变革型领导的结构维度展开了研究，提出了中国变革型领导二阶四维度结构的理论构想，四个维度的内容是愿景激励、影响力、智力激发和个性化关怀，每个维度下又涵盖了两个子维度。

（二）内生动机

1. 内生动机的提出

相关理论虽然很多，但将动机分为内生动机和外在动机是研究者的普遍共识。依据组织行为学的理论，个体如果是因为外在物质因素而付出行为则引发其行为的主要是外部动机；个体如果是因为本身兴趣因素而付出行为则引发其行为的主要是内生动机。学者们对于内生动机的具体界定各有偏差，但总体而言主要还是集中在内生动机构成要素和对个体行为进行归因这两大视角。

从内生动机的构成要素这一视角，Hunt（1961）最早提出内生动机的概念，在内生动机的影响下个体偏好于对其外部环境的控制。Amabile（2004）认为，人们对兴趣、好奇、满足和自我挑战有追求时内生动机就会驱动其行为。Ryan 和 Deci（2000）则认为，内在动机是由某种外部因素激发的，是个体因完成工作而感受到满足和快乐的状态下自发产生工作行为的一种内生驱动力。Pinder 等（2014）认为，能激发内生动机的工作是个体乐在其中且有极大的热情去追求和实现的。

从对个体行为进行归因的视角，White（1959）认为，个体的效能动机会体现在其所热爱的复杂性、挑战性工作上，完成工作时的胜任感让他们很享受。Brief 和 Aldag（1977）指出，工作特征和内在报酬是反映个体工作行为动力的内生动机的来源。Nie 等（2015）提出不同动机取决于自我决定程度，内生动机是指由于固有兴趣或任务本身的享受而产生的行为。Cherry（2016）认为，内生动机是指由内部奖励驱动的行为。

2. 内生动机的结构和测量

关于内生动机的维度主要有单维度和多维度的划分。单维说认为构成了内生动机的只有一个要素。Dsikszentmihalyi（2000）认为，恒稳的自我实现是内生动机的核心。Tierney 等（1999）就内生动机这一概念开发了包含 5 个测题的量表。

二维说认为内生动机包含两个维度，Deci 和 Ryan（1985）提出认知和情感两种成分组成了内生动机，认知成分包括工作自主性和自我效能感，情感成分包括工作兴趣、工作成就感和工作兴奋感。Guay 和 Vallerand（2000）指出内生动机的测量方法分为行为法和自陈式量表，还评价了 Mayo（1977）的任务反应问卷（TRQ）和 McAuley 的内生动机量表（IMI）。Lesser 和 Madabhushi（2001）也赞成上述划分，并认为自我效能感是内生动机中认知成分的主要体现，而个体因工作而感受到的乐趣则是内生动机中情感成分的体现。Vanlier（1996）指出，内生动机包括含目的、情感和全力以赴等因素在内的基本层和含个体认知和个体抉择等因素在内的拓展层两个层面。Koester（2002）以自我决定理论为指导，指出内生动机是个体主动的自我整合，外在环境对个体满足感的支持程度影响着内生动机的水平。

多维说内容比较复杂。Vallerand（1997）开发出了解知识、获得成就和刺激力的内生动机三维度结构模型，在此基础上编制了情境动机量表（Situational Motication Scale，SMS）。Thomas（1990）发现，内生动机由自我效能感和工作意义、选择及进展四个维度构成。Guay 等（2000）专门就实验情境任务进行研究，编制了反映不同表现形式动机的情境内在动机量表（Situational Intrinsic Motivation Scale，SIMS）。此外，Amabile（1985）开发了好奇心、兴趣感、胜任感、工作参与和自我决定的内生动机五维度结构模型，并依此进行了量表编制。Amabile（1996）对上述量表进行整合，形成了可以同时测量内生动机与外部动机的包含 30 个测题的工作偏好量表（Work Preference Inventory，WPI）。而在实证研究中 Vallerand（1997）和 Amabile（1985）都建议将内生动机作为单维变量来处理，当中以 Amabile 的量表应用得最为广泛。

（三）组织创新战略

1. 组织创新战略的提出

Schumpeter（1934）首次提出“创新”这一概念。随着创新理论的不断扩充，创新被越来越多的学者提升到了战略高度来认识。企业为创新发展制定的总体目标、原则、规划及保障措施构成了作为企业创新战略的内容，其目的是实现企业的战略目标。Reick 和 Dickson（1993）认为，企业运用其创新资源来达到公司发展目标的过程就是创新战略。Davenport 等（2003）认为，创新战略是指企业利用、管理和获取生产资源、市场资源、知识资源和技术资源等来实现特定经营目标的过程。Copoper（2000）认为，创新战略是包含创新目标、创新主体、战略关键、资源配置、战略计划等内容的战略性计划，主要用来指导企业如何进行产品战争。Love 和 Vahter（2014）研究了开放式创新战略和内部创新战略之间的互补性是如何影响企业创新战略的。Andrew，Arash 和 Stephan（2014）研究发现，核心技术人员通过创新战略的调节和中介对企业创新绩效产生作用。

在国内，杨立新等（2002）基于能力基础理论的核心思想对创新战略进行了界定，指出企业形态应针对技术、资源等要素的不同变化而作出动态调整，需要实施以技术创新为导向的能力基础战略。曹体杰（2004）指出，企业因选择的创新战略不同而对自身能力和资源提出的要求也会不同，因此企业创新战略与企业内部的创新能力和资源密切相关。朱伟民（2007）提出，企业创新的方向和创新的投入应该由创新战略来决定。吴崇等（2009）对企业自主创新和合作创新的突破性创新的战略形式进行了研究。韵江等（2006）研究发现了创新型企业自主创新战略形成与发展过程中企业动态能力和企业创新战略的发展规律。吕萍等（2011）界定了资产获取型、资产利用型和混合型三种创新战略，并得出了企业的技术资源和组织能力对全球化创新战略选择影响显著、人力资源素质和研发投资对企业全球化创新战略选择影响不显著的结论。

2. 组织创新战略的结构和测量

自 Joseph Schumpeter 在 1912 年提出创新理论后，后续研究者对创新进行了更加深入的研究，对技术创新基于不同标准进行了分类。Curry 和 Clayton（1992）提出创新战略的类型有渐进型、适应型、突破型三种。Miles 和 Snow（1978）描述企业的战略选择为防御者、分析者、探索者和反应者为创新战略的研究打下了基础。Morton（1989）在此基础上将创新战略划分为侵略型、反击型和防守型三种基本类型。Gilbert（1994）认为，创新战略有前瞻型和反应型两种战略。Guan（2009）把创新战略划分为防守者战略、跟随创新者战略和领先创新者战略。

从创新内容角度，Branseomb 和 Kodame（1992）根据企业聚焦的产品等要素，对相应创新战略绩效分别进行描述。Robert（1995）根据可以影响企业做战略规划的因素，将战略规划划分为产品驱动型、市场驱动型、产能驱动型、技术驱动型、销售驱动型等八种类型。赵光辉（2006）指出组织内部管理过程和制造过程设计的所有要素的综合构成了集成创新。吴振海（2007）提出了针对竞争对手的固有弱点，争取不与其竞争的同时又能够为客户创造价值的不对称创新战略。黄胜平（2007）从中国经验的角度，系统介绍了国家创新线路上的相关事务。刘志迎和付丽华（2016）认为，企业挖掘现有市场价值的方式有两种：一种是通过实施探索性创新战略，注重突破；另一种是通过实施利用性创新战略，注重渐进。

从创新资源获取途径角度，Parsons（1992）在构成的层面上以竞争力及创新机会为基础，发展出赛跑者战略、追随者战略和全面领导者战略的理论。高建（1997）从获得技术的方式和时间顺序两个层面定义了直接利用型、二次创造型、模仿型、跟随型及领先型创新战略。Chesbrouth（2003）提出企业进行开放式创新需要利用外部乃至全球的创新资源及创新能力。赵中建（2007）认为，发展中国家的创新能力，应该立足更为宏观的全球化视角来考虑。王世豪（2007）对中小企业的自主创新进行了实证研究，运用研究成果来指导其他组织的创新活动。史先睿等（2007）认为，组织的集成创新由战略、知识、组织等要素组成。黄清（2006）认为，资源、组织及时间、技术、知识、战略和能力的综合是形成集成创新的要素条件，并运用这些要素设计了企业集成创新能力评价体系的指标内容。

March（1991）针对知识获取的不同方式，提出了研发和组织探索型两种学习模式。在此基础上，Benner 和 Tushman 等（2003）的研究认为，探索式创新经常会产生一系列异质性的工艺或产品，这是由于探索式创新通过尝试全新机会和全新知识拓宽了组织知识的广度而导致的。探索式创新通常要等待较长的时间才有创新结果，且这种结果还具有不确定性，这是因为探索式创新是进行与“搜索、变异、实验、发现”相关的长周期创新活动，在此过程中组织期望采用探索式创新来提高自身的对环境的适应性（Levintha & March，1993；March，1991；McGrath，2001）。利用式创新能够发现可以提升和改良的空间，因其致力于最大化地优化现有知识、开发优质资源，故其能“增强现有产品的质量及性能，拓展组织现有知识的深度”。增强产品的市场竞争能力、提高现有分配渠道的有效性是组织选择利用式创新战略的期望所在（Kaila & Ahjua，2002；Benner & Tushman，2003），渐进性是利用式创新战略和探索式创新战略之间的显著不同，利用式创新战略的可预测性强能在短期内看到成果。Christensen 和 Raynor（2004）从目标客户和产品性能的角度，将创新战略描述为低阶市场的破坏性、新市场的破坏性和维持性创新特征。

二、技能人才创新素质与其创新绩效作用机制相关要素概述

（一）创新绩效

1. 创新绩效的提出

创新绩效作为绩效的一种，既可以发生在单独的个体身上，也可以发生在多人的群体之中，其主体有多种。学术界关注个体层面的创新自20世纪70年代就已经开始了，并进行了大量且深入的研究。学者们主要从综合论、结果论和过程论的角度研究员工个体创新绩效的内涵。

Coombs（2006）提出员工创新绩效是从创新思想产生到实践再到成功的一系列过程，这是过程论的主要观点。Janssen（2000）认为，创新绩效就是员工为了提高自身、团队以及企业的整体绩效而在日常工作中有意识地进行思维创新、引进或执行创新性的行为。Pieterse（2007）指出在问题识别、新思路产生、新想法策划和扩展过程中产生了员工的创新绩效。

Mumford（2000）提出员工创新绩效是基于员工的创新想法而产生的创新结果，这是结果论的主要观点。Amabile（1998）认为，员工创新绩效是在个体、团体和组织层面实施新颖且有用的想法而取得的客观结果。韩翼（2006）指出创新性的意愿、行动、意见、结果以及思维的传播等包含于员工的创新绩效中。

Janssen（2003）提出员工创新绩效是过程和结果的结合，包含整个创新过程和最终的创新成果，这是综合论的主要观点。McMullen（1967）认为，员工创新绩效是既包括员工的创新水平，又包括员工的用户满意度，还包括员工创新行为发生后创新效率的改变在内的系统概念。姚艳红和衡元元（2013）认为，创新绩效是指员工开展的一系列能带来既可衡量与感知又对团队或企业产生一定价值的结果的创新性的活动，该活动经过某些阶段或程序之后可转换成相应绩效。于维娜等（2015）认为，员工创新绩效就是新颖的、有用的思想、产品、过程、服务或方法，这些都产生于员工与组织互动的过程中。

2. 创新绩效的结构和测量

学者们主要将员工创新绩效划分为单维度、双维度、三维度等。

单维度结构运用最广泛的是Scott和Bruce（1994）编制的包含6个题项的创新绩效量表。此外，刘云和石金涛（2010）构建了包含7个题项的创新绩效量表，并且由公司员工对自己的创新行为进行自评，具有良好的信度和效度。侯二秀（2012）在前人研究的基础上，设计出包含5个题项的测量量表。

构建双维度结构的主要是中国学者。衡元元等（2012）借鉴学者的研究成果，开发出包括创新行动和创新效果的双维度结构量表。黄勇和彭纪生（2015）提出了更加符合我国国情的构想产生和构想执行两维度模型结构。卢小君（2008）基于中国文化背景编制了包含创新想法产生和创新想法实行两个维度的创新绩效变量。顾远东（2010）也将员工的创新行为分为构想的产生和构想的执行两个维度。

大多数学者支持三维度的观点。Janssen（2003）提出了创新思想的产生、创新思想的促进及创新思想的实现三个维度，9个题项的量表。Janssen和Yperen（2004）开发出创新愿望、行为、结果和成果的员工创新绩效四维度结构模型，以此编制了员工创新绩效量表。George和Zhou（2007）开发了13条目量表用来测量员工工作中的创造力。韩翼和龙立荣（2007）将创新绩效分为创新意愿、创新行动与创新结果三个维度，设计了目前学术界常用于研究组织管理、创新氛围对员工创新绩效影响所选用的量表，该创新绩效测量量表是一个包含8个项目的量表。王重鸣和洪自强（2010）从三个维度即创新想法的出现、创新想法的落实和创新想法的促进角度提出了创新绩效测量的依据及方法。

此外，高建等（2004）认为，员工的创新绩效包含创新意愿、行动、建议、成果及思维传播五个部分的内容。

（二）工作投入

1. 工作投入的提出

随着积极心理学的兴起及影响范围的不断变大，工作投入逐渐走进人们的视野。学术界尽管对工作投入研究的关注度较高，但对其概念的界定当前仍还处在不确定中。学者们主要从以下三个方面来开展研究界定工作投入的内涵。

从个体的心理认知角度来界定概念。Lodahl 和 Kejner（1965）最早提出了“工作投入”的概念，将其定义为工作在个体形象中的重视程度，或者是个体的心理对其工作的认同程度。随后，Lawler 和 Hall（1972）认为，每个人都愿意投入工作的前提，是个人感知到工作业绩可以满足其自尊的需求且工作业绩能够实现。Schaufeli 等（2002，2004）将工作投入建立在幸福感的愉悦和激发上，由此界定工作投入的概念为“个体保持的积极、充沛、持久的与工作相关的认知状态”。安晓静（2009）认为，工作动机表示在心理上表现为员工对自己所从事的工作认可程度，认可程度越高，对自身工作重要性的认知也就越高。

从个体行为与工作状态角度来进行概念界定。Kahn（1990）指出工作投入是“组织成员在担任工作角色的过程中参与和表达在生理、认知和情绪方面的精力。”Maslach 和 Leiter（1997）认为，工作投入是个体以充沛的精力，积极、高效地参与工作，具体表现为高能量、高卷入、高效能。陈润龙（2007）提出工作投入还表现为个体因为对其所从事的工作兴趣大而乐意付出额外的劳动和精力并进入忘我的工作状态。Rich 等（2010）发现，工作投入是将个体、组织与工作绩效相融的整体构念，体现了个体对组织的完全认同。

从对个体的影响角度来进行概念界定。赵美玲（1997）认为，个体重视自身的工作表现而认真投入自己的工作中的前提是组织重视个体的工作表现。俞位增（2009）认为工作投入是个人对组织的一种承诺和投入，主要表现在情感和知识两个方面。

2. 工作投入的结构和测量

Kanungo（1982）制定了包括情感状态、员工自我认知、一般情境和特定情境的工作投入和内在激励等内容在内的工作投入量单维度量表，该量表一共有 10 个题项，具有良好的信度和效度。Shirom（2003）提出活力的单维度模型。Wefald 等（2009）、Rivki 等（2016）的研究进一步给予了支持。

Maslach（2003）认为，工作投入与工作倦怠是两个极端点，因此可以用工作倦怠量表（Maslach Burnout Inventory，MBI）的负向记分来测量工作投入。Oldengurg（2007）开发了枯竭和疏离的工作倦怠双维度结构模型，以此为基础编制了工作倦怠量表（OLB）。江卫东（2007）认为，从维度所包含的子内容数来看工作倦怠量表比 Maslach 的量表涵盖的范围要更加广泛。

Kahn（1990）将工作投入分为生理、认知和情感三个维度，三个维度相互独立。May 等（2004）在 Kahn 研究的基础上开发了体能、情绪和认知三个维度，每个维度分别有 6 道题目的新量表。Rich 等（2010）和 Kuok 等（2017）在 Kahn 提出的工作投入构念的基础上，各自先后研制了工作投入量表（Job Engagement Scale，JES），该量表包含体能度、情感度和认知度三个维度。

Schaufeli 等（2002）开发了包含工作投入的专注、奉献和活力三个维度及 17 个测题的工作投入量表（Utrecht Work Engagement Scale，UWES），该量表包含工作投入的专注、工作投入的奉献和工作投入的活力三个维度及 17 个题项，量表的简化版只有 9 个题项，再后来该量表又被进一步缩减题项形成了 UWES－15 和 UWES－9 量表，其中专注是指为对工作全身心地投入并沉浸享受于其中，奉献是指对工作有热情、积极参与工作及高度融入工作，活力是指具有充沛的精力和韧性。张铁文和甘怡群（2005）通过检验中文版本的 UWES 量表进行信效度，对工作投入三因素模型进行了验证。甘源媛等（2011）使用多元概化理论对 UWES－17、UWES－15 和 UWES－9 三种量表进行比较，利用中文版 UWES 量表进行测量，发现三种总概化系数都达到了较高的水平，精简版 UWES 量表尽管只含 9 个题项但仍然具有理想的信效度，可以在工作投入的测量实际中完全替代 UWES－17 量表。李富业等（2013）通过实证研究验证了 UWES－9 量表的内容和结构效度都达到使用标准，因此 UWES 量表在工作投入的测量研究中仍是被最常使用的一种量表。

（三）组织创新氛围

1. 组织创新氛围的提出

Litwin 和 Tagiuri（1968）认为，组织氛围是员工对外界工作环境感受的反应，不同的员工对组织氛围的不同感受，反映了员工们的工作的态度、信念和价值取向的不同。Sclmeider（1990）认为，组织氛围的特征体现在整体性、知觉性、持久性和互动性上。学术界对组织创新氛围的概念和定义目前还没有形成广泛、统一、接受程度高的认识。目前研究主要集中在强调个体的知觉性观点和重视氛围属于组织属性的观点两个方面。

从强调个体的心理知觉，Lewin（1936）认为，组织氛围是个体认知地图中的交集或个体相同的知觉。Tesluk 等（1997）认为，创新氛围是个体对组织中政策、实践和流程认知的一种感受，通过这种感受可将创新意图转化为新产品、新工艺和新流程来促进组织创新能力的提升。Bharadwaj（2000）认为，组织创新氛围体现了组织特质能被内部成员感受得到。刘云和石金涛（2009）提出，个体对组织支持创新的方式、组织的管理行为及组织的政策所产生的主观认知就是组织创新氛围。梅强等（2011）指出，组织创新氛围是组织中员工对其所处环境的个人主观感受。

从重视组织的创新支持，Schneider 和 Reichers（1983）认为，组织氛围是创新氛围的基础。Isaksen 等（2007）认为，组织创新氛围是成员的一致认知理念，还是影响成员创新行为的持久内部特性。蔡启通（1997）提出，组织内成员对其所处的工作环境中管理技能的创新程度、工作领域的多少及激励创新的方式有无的知觉描述就是组织创新氛围。陶永梅等（2013）认为，组织创新氛围是组织成员评价其创新受工作环境支持程度高低的一种个体体验和主观感受。孙锐等（2014）认为，组织创新氛围是员工个体对组织的流程、行为、决策及其他外在产生因素进行的一种主观解读。

2. 组织创新氛围的结构和测量

不同学者由于研究角度和研究出发点存在不同，因此对组织创新氛围的结构分析及衡量方式也有所不同。目前使用频率最高的量表主要有以下几个量表。

Siegel 等（1978）研发了创新支持测量量表（Siege Scale of Support for Innovation，SSSI），该量表揭示了 5 个能促进创造的气氛维度，包括领导风格、所有权等，以及 61 个题项，认为创新型组织就是能激发组织成员创造力的组织，影响员工了解组织氛围的因素是员工对新思想的接受程度和对风险的态度。

Ekvall（1999，2001）编制了创新氛围量表（Creative Climate Questionnaire，CCQ），该量表共设 10 个维度，即挑战性、自由度、新观念支持、信任等，每个维度里面包括 5 个问题，共 50 个题项，主要用来测量组织创新环境的特征。Prather（2001）在 Ekvall 等提出 CCQ 的基础上构建了环境概览量表（Situational Outlook Questionnaire，SOQ），该量表有挑战与卷入、自由度、信任等 9 个维度，共有 53 个题项。

Amabile 等（1989，1996）经过多次修改，在工作环境量表（WEI）的基础上编制了创新气氛评估量表（Assessing the Climate for Creativity，KEYS）。该量表将影响组织创造力的工作环境划分为 5 个类别、8 个维度、78 个题项，针对影响组织创新的因素从促进、阻碍和整体标准三个层面，从妨碍创造力、工作压力、资源、自治或自由、鼓励创造力五个方面展开。该量表目前被国内外广泛使用，被证明具有很好的信度和效度（Ensor，2006；Lapierre，2003）。蔡启通（1997）参考 Amabile 等（1989）量表将组织创新氛围划分为组织内部压力环境、组织鼓励与资源、自行研制。刘晓雯（1998）从成员间的信任、主管支持等 6 个方面构建了组织创新氛围维度，在此基础上修订了 Amabile（1996）的创新氛围评估量表。沈明权（1999）在 Amabile（1996）创新氛围评估量表的基础上，将组织创新氛围从组织鼓励、主管鼓励等 5 个维度进行测量。邱皓政（1999）对 Amabile（1996）的创新氛围评估量表进行了修订，将组织创新氛围分为团队默契、工作风格等 6 个方面的维度。刘云等（2009）在 Amabile（1996）创新氛围评估量表的基础上，结合中国本土化情境提取并检验组织创新氛围的构成要素，构建了组织创新氛围量表，量表包含资源供应、工作特征、团队支持、主管支持和组织理念 5 个方面。

West（1996，2007）在总结前人研究的基础上改良后提出团体氛围量表（Team Climate Inventory，TCL），此量表的4个维度共计包含42个题项，从创新支持、参与安全、挑战性目标、任务导向等测量工作团队创新氛围。

本章小结

本章是整个研究的总导，为后面各个章节的展开奠定了研究的框架。首先，进行知识图谱阐述。其次，借助Citespace软件对创新素质影响因素进行国内外文献计量，根据国内外文献的对比分析构建个体、组织、国家层面技能人才创新素质激发模型研究框架。最后，对研究框架中涉及的技能人才创新激发模型各要素如变革型领导、内生动机、组织创新战略、创新绩效、工作投入和组织创新氛围进行理论阐述。

技能人才创新素质激发模型包括个体、组织和国家三个层次。模型将变革型领导和内生动机作为前因变量、工作投入和创新绩效作为结果变量形成个体层面，将组织创新战略和组织创新氛围作为情境变量形成组织层面，政策法律、社会文化、知识管理、财政金融、公众认可形成国家层面。在创新素质前因关系模型中，组织创新战略是重要的情境因素，在变革型领导通过内生动机影响技能人才创新素质过程中，发挥调节影响作用，以区分不同企业创新战略下变革型领导对技能人才创新素质的影响差异。在创新素质结果关系模型中，组织创新氛围作为一种组织情境因素，发挥影响作用，调节创新素质通过工作投入影响创新绩效过程。组织创新氛围作用于个体层面，调节个体因素，对技能人才创新绩效产生影响。个体、组织和国家层面不同因素对创新素质综合刺激，形成多层次影响关系模型，能积极正向影响员工创新素质。

第三章

技能人才创新素质内容结构及量表开发

第一节　技能人才创新素质内容结构

一、技术性文献创新素质条目采集

（一）文献获取及分析

创新性行为是一种随机事件，限于我国技能人才特别是有创新性成就的技能人才具有稀缺性和地域分散性特征，本书采用技术性文献分析，即以技能人才在实践工作中所发生的具体创造性实践作为背景材料，通过比较、归纳技能人才在工艺革新、技术改良及流程改革的行为，采集具有创新性才能技能人才的共同特征和成长规律。“中华技能大奖”是目前国家授予技能人才的最高荣誉，由人力资源和社会保障部每两年组织评选一次，其产生过程非常规范，有着严苛的推荐、甄别、评选程序，要求很高堪比我国“两院院士”的评选。本书主要是选取 60 名具有显著创新成就的且获得了第十二届、第十三届“中华技能大奖”的技能人才作为研究对象，通过汇编人力资源和社会保障部披露的 60 篇获奖人员事迹材料及各新闻媒体对获奖人员的 60 篇报道，形成了 24 万字左右的研读材料。

以个人为单位合并整理获奖人员的先进事迹及新闻报道形成 60 份文本材料，仔细研阅每一份文本材料至少两次，逐句逐段分析文本材料中的细微部分。将文本材料中分析辨别出来的为某一特征的句子或陈述与之前文献回顾中的各创新素质条目结合其内涵与外延进行一一对应。发掘技能人才创新素质的关键特征主要是通过研读并总结汇编文本材料中关于产品、流程、工艺革新“中华技能大奖”获得者的个人特质来实现。对于文献中没有的创新素质特质，需要根据实际现实从文本材料中提取最能反映技能人才特质的特定信息来编写，在此基础上界定这些特定信息所隐含的概念和属性（见表3-1）。

表3-1 文本材料编码节录

码号	事迹报道描述	创新素质条目
01-6	技术资料多为英文版本，只有职高学历的他对英文只是一知半解，多数单词根本看不懂，更不用说专业术语了。面对一本本厚重的英文版说明书，他傻眼了。那夜，他躺在床上翻来覆去，怎么也睡不着，柴油机大修工作的数据非他不可，怎么办！他一咬牙，拿出了半个月的工资买了一台“文曲星”，对着图纸，一字一句注释下来，一些专业术语则向班组的技术员请教。半年后，他整理出了一份完整的维修资料，连一些技术参数、公差配合也全部清清楚楚	自主学习 知识整合迁移
01-15	随着对监造工作的逐步熟悉，结合《技术规格书》及日后维修工作的实际需要，他对新设备在日后维修、安全使用等方面，提出了近100条合理的整改要求和建议，这些意见得到了港机场设计师和监理师的共同认可	岗位实践经验
01-17	海天码头两台用于冷藏箱堆场作业的轨道式龙门吊，由于涉及多方面的原因，作业中吊具着床有时不准确，固定导板摇晃偏移而撞击冷藏箱顶部。“我们也不愿意看到箱子总是被破坏，你想想办法吧。”龙门吊司机这样说。维修工也和他说“修一次箱子就得几千元，可耽误的时间让公司丢了信誉，损失也不是用金钱来计算的。”他暗暗想，一定要把这个问题解决。他动起脑筋，在师傅的指导下，从改造吊具模板下手，根据作业时吊具导板所承受力的大小、作用和方向点，设计一整套合理的伸缩式活动导板。自从该龙门吊按照了改进的伸缩式活动导板，吊具在着床时，由于伸缩板的缓冲作用，吊具就不会产生大幅度的晃动，生产作业效率也同步提高	解决问题的能力 规律探求能力 设计能力 知识整合迁移
01-22	在监造中，外贸设备国内制造厂的德籍工程师傲慢无礼，认为厂家制造的港口机械质量享誉世界，根本不存在质量问题。作为把关人，他不畏权威的挑战，据理力争，当场动手对设备进行调试，凭借精湛的技艺，找出机器的技术缺陷，令在场的外国专家对他刮目相看，竖起大拇指	发现问题 质疑精神 动手操作能力 专业技能

（二）文献编码

文本材料的分析编码过程由笔者与另一位具有创新素质特征研究经验的资深人力资源咨询专家背靠背独立重复分析综述中所涉及的创新素质条目，形成了关于技能人才创新素质的56项初始条目。围绕技能人才是一线“实干型专家”的工作特征有针对性地研读文献，对文献所述创新素质中具有包含关系的条目或分解，或合并或修改，最后得出了这些初始条目。随后，两位编码人员经过反复讨论形成技能人才创新素质初始条目的一致性意见，并以形成的一致性意见为基础对汇编形成的60份文本材料重新进行编码。重新编码完成后，对编码结果进行一致性分析和信度检验。一致性分析采用Winter（1992）所提供的编码一致性公式来进行。分析结果显示，对60份文本材料重新进行的编码一致性最低值是0.612，最高值是0.859，总体上达到了0.733；编码信度系数值从0.794到0.847，总体编码系数值为0.847。经过对比其他类似技术方法分析结果，本书编码一致性分析和信度检验结果达到了中等以上水平。

二、行为事件创新素质条目采集

（一）对象选择

为了更加广泛地获取创新型技能人才的资讯，更加深入地采集技能人才创新素质条目，研究人员通过熟人引荐、电话联系和网络搜寻等方式征得了40位技能人才的同意接受访谈。这些同意接受访谈的人员都是从近五年中华技能大赛获奖者或现实生产中的技术能手里面甄选而来的，他们除了具有较高的技艺外，还须取得以下所列其中至少一项成果：（1）在开展技术革新、技术改造活动中做出重要贡献，取得重大经济效益和社会效益；（2）在本企业、同行业中具有领先的技术技能水平，并在某一生产工作领域总结出先进的操作技术方法；（3）在开发、应用先进科学技术成果转化成现实生产力方面有突出贡献，并取得重大经济效益和社会效益。被访谈的40位技能人才组成结构如下：从工作平台来看，有7名人员所在单位设立了以他们名字命名的创新工作室；从技术水平来看，有5位国家级技术能手、12位省级技术能手、11位行业技术能手、10位所在单位技术能手；从地域分布来看，遍布北京、上海、浙江、湖南、新疆等全国20多个省区市；从职级来看，有高级技师17名，技师12名，高级工8名，中级工2名，初级工1名；从行业领域来看，访谈对象所在单位涉及煤炭采掘、电力维修、公路建设、汽车生产等12个行业；从工种岗位来看，包括维修工、电焊工、钳工、装配工、铆工等19个工种。

研究者事先做了充分的准备工作以确保访谈的顺利进行并取得预期成果，为此拟订了《技能人才创新素质访谈提纲》，设计了以下3个方面的问题：（1）请您描述一下自己的主要创新成果并回顾这些创新成果取得的过程；（2）您认为像您这样取得创新成果的技能人才应该具有哪些素质特征（或请谈谈哪些个体素质特征对您这些创新成果的取得产生了积极影响）；（3）前面您所描述的创新素质有着怎样的维度结构，每一个维度又包括哪些具体的创新素质内容，其中哪些创新素质内容更重要。

（二）访谈过程及分析

整个访谈工作由笔者及另外一位有创新素质特征研究经验的资深人力资源咨询专家全程参与完成以确保采访过程本身的一致性，访谈周期为2022年4月底至2022年8月初。经过沟通，所有被访谈者均同意对所采访的内容进行全程录音记录。每完成一次访谈，两位访谈人员会以访谈的时间先后顺序为逻辑对访谈语音记录进行编号并及时转换成文本材料保存，现将整理后的部分访谈内容摘录如下："爱岗敬业，参加工作二十多年了，一直在这个岗位上；业务知识和业务技能是基础（01－02－12）；参照原理，在已有的设备上改进，设计并制作设备适应我们的生产要求（04－02－09）；人品要好，要踏实（05－02－01）；在工作实践中不断摸索和学习，不断进步（09－02－07）；勤快（10－02－01）；遵章守纪（10－02－04）；要有信心（12－02－21）；工作中小改小革，目的有很多，如提高工作效率、降低劳动强度、保障安全生产、节约资源等（14－02－03）；喜欢琢磨，喜欢看书（17－02－05）；肯吃苦（19－02－02）；想办法解决工作中遇到的问题（19－02－14）；寻求合作，技术和技能结合起来，能产生很好的效果（19－02－27）；不管做什么，要以数据为依据（23－02－24）；理论应用于实践的能力（24－02－03）；虽然文化层次不高，但学东西比较快（27－02－19）；不会就找书看看，再或者请教技术员（27－02－31）；在劳动实践中发现单位的有些工艺可以改造（29－02－37）；为人比较宅，不爱出门交朋友聊天（33－02－14）；很多工作都是团队协作完成（35－02－10）；都是在工作中累积出来的，都是反复经过工艺验证的（35－02－15）；善于提炼、总结（40－02－22）。”

“一个是业务知识和业务实践，一个是肯动脑筋、爱钻研（02－03）；品行很重要，另外还要肯下功夫、能吃苦（05－03）；一方面是自己要多学习多思考，另一方面要能组建团队，团队很重要，能取长补短（19－03）；在一线工作二十多年、累积丰富经验是基础，能够根据实际需要来攻关难题、改进机器设备是关键，另外离不开持续地学习、思考（35－03）；不但自己要沉下心来努力钻研、反复试验实践，还能善于总结、提炼和推介自己的成果（40－03）。”

访谈完成后，对全部访谈语音材料进行文本材料的转换，经过整理后约为 32 万字，其中字数最多的个体访谈文本为 12952 字，字数最少的个体访谈文本为 6702 字；个体访谈时间最长的为 6925 秒，个体访谈时间最短的为 5470 秒，平均时长为 5636 秒，访谈的长度与时间均达到研究的基本要求①。对 40 位具有创新成果的技能人才进行访谈的内容长度和时间长度各自不存在显著差异性，但在总体上两者之间显著相关②，因此所获数据资料的理论应用价值具有较强的说服力。

对从访谈语音材料转换过来的访谈文本材料两位编码人员同样采取背对背的方式进行整理。由于在访谈中访谈者对访谈对象进行引导性的创新

① 一般认为一次有效访谈的长度在 2000 字以上，花费的时间为 1.5～2 小时。

② 对访谈长度和访谈时间进行方差齐性检验，P 分别为 0.093 和 0.697，均大于 0.05，表明两者之间不存在显著性差异；对访谈长度和访谈时间进行相关分析，相关系数 $\alpha=0.01$，表明两者之间显著相关。

素质特征收集和编码者做过文献创新素质条目的采集，此次有关访谈材料的技能人才创新素质采集的编码一致性最低值为0.855，最高值为0.941，总体上达到了0.907，编码的一致性明显得到提高；编码信度系数也进一步优化，最低值为0.919，最高值为0.954，总体编码系数为0.940。经研究小组根据访谈的结果归纳汇总并综合讨论和总结，初步提炼出技能人才创新素质维度4个，技能人才创新素质条目83个，将那些素质特征在人次分布上较为分散的频次低于25%的创新素质特征删除后，剩余能体现技能人才群体共性的创新素质条目61项。

三、技能人才创新素质整理

（一）内容整理

比较技术性文献采集和行为事件访谈得到的一系列创新素质要素后发现，两种方式所采集的创新素质条目具有较高重合率。对于其中一些前人的研究没有涉及但符合技能特点或前人虽有提及但没有进行实证的创新素质词条，则从技能人才创新素质访谈获得的相关资料中，筛选那些具有代表性又能反映技能人才创新素质特征的典型描述，再结合创新素质词条的内涵，概括出能够表证该创新素质词条的行为。通过技术性文献共采集技能人才创新素质条目56项；通过行为事件共采集技能人才创新素质条目61项，在此基础上两位编码人员经过充分讨论合并了其中内涵与外延相似的条目，最后形成88项有关技能人才创新素质的初始词条。

为了从质的方面进一步修正和整理技能人才创新素质内容，已经整理的上述88项技能人才创新素质词条为依据，设计了《技能人才创新素质内容半开半闭问卷》，通过电话和邮箱（信件）对1751例近五届“中华技能大赛”技能人才培养突出贡献单位和企业个人进行联系，确定了国家技能人才培养突出贡献单位人力资源负责人和全国技能人才培养突出贡献的企业负责人各100名作为调研对象，将问卷以电邮或信件的方式寄发给他们，目的在于从质的方面进一步修正和整理技能人才创新素质维度和特征内容。

共计回收有效问卷97份，其中企业人力资源负责人的有效问卷46份、培养突出贡献企业负责人的有效问卷51份，回收有效问卷的回收率为48.5%。回收问卷中企业负责人和培养突出贡献企业个人所在企业涉及机械加工、石油、建筑、交通运输、电子电器制造、采矿、电力等多个行业，涉及的范围包括北京、上海、天津、浙江、江苏、湖南、江西、广东、四川、新疆、山西等多个省区市。

基本上认同问卷中对技能创新素质内容及维度划分的有效问卷有67份，占有效问卷数的70.5%。在其余的有效回收问卷中，提出如将“爱岗”和“敬业精神”合并为“爱岗敬业”，将“有耐心”和“谨慎”合并为“耐心谨慎”等创新素质条目内容合并建议的有3份；提出如“情绪稳定”“工作态度”“冒险精神”等创新素质条目内容删除建议的有4份；提出如增加“设备使用和维护能力”创新素质条目内容建议的有1份；提出将“劳动纪律意识”改为“遵章守纪”、“孤独性格”改为“忍受孤独的能力”、“坚持不懈”改为“坚韧性”等创新素质条目名称修改建议的有10份。综合上述统计结果，再结合通过访谈对技能人才创新素质整体框架的认知，笔者在反复斟酌之后修改了11项创新素质条目表述、合并删减了4项创新素质内容条目，最终形成技能人才创新素质内容条目79项。

（二）结构维度

综合有效回收问卷统计结果和通过访谈对技能人才创新素质整体框架的认知进行分析，研究者在仔细斟酌之后修改了11项创新素质条目表述、合并删减了4项创新素质内容条目，最终形成技能人才创新素质内容条目79项，依此初步构建技能人才创新素质内容结构整体框架（见表3-2）。其具体包括三个层级，其中“为什么做”“想做什么”和“能做什么”3项构成二级维度，基本品质、职业操守、问题处理、知识扩展、实践试验等12项构成一级维度，发现问题、机器使用及维护能力、求知欲、实践工作经验、知识整合迁移、责任感、踏实肯干等79项构成创新素质条目。其中，“为什么做”包含的一级维度有基础品质、职业操守、动机信念；“想做什么”包含的一级维度有精神感知、思维思想、人格特质、工作意识；

"能做什么"包含的一级条目有基本素质、人际交往、知识扩展、问题处理和生产实践。

表3-2 技能人才创新素质内容条目和结构维度汇总

二级维度	一级维度	内容条目
为什么做	基础品质	踏实肯干务实精神，细致认真淡泊名利奉献精神，耐心谨慎
	职业操守	爱岗敬业服从意识责任感自觉性遵章守纪职业道德服务意识
	动机信念	创新信念自主精神创新欲望创新追求
想做什么	精神感知	探索精神开拓精神科学精神克服困难精神
	思想思维	发散思维，抽象思维，聚合思维，逆向思维，灵感思维
	人格特质	意志力，进取心，自信心，注意力，变革性，好奇心，忍受孤独能力，坚韧性
	工作意识	资源节约意识，工作效率意识，工作质量意识，劳动减负意识，流程简化意识
能做什么	基本素质	专业知识专业技能实际工作经验身体素质心理素质
	人际交往	洞察力团队合作组织协调能力沟通能力现场指挥能力资源换取能力成果推广能力语言表达能力
	知识扩展	学习能力，应用能力，主动性，求知欲，信息搜索能力，勤于思考，刻苦钻研，领悟力，理解能力，知识整合迁移，归纳总结能力
	问题处理	发现问题判断能力质疑精神观察力分析能力规律探求能力解决问题能力
	生产实践	制作能力设计能力组装能力识图能力生产应变能力生产适应能力生产作业能力设备使用和维护能力实践能力

第二节 技能人才创新素质量表施测及大规模调研

一、初始量表形成

量表采用自陈量表的形式，来反映自身的创新素质特征。根据技能人才创新素质内容结构，首先文献收集相关测量量表，用于初始调查问卷的编制。至于本书提出的一些前人的研究没有涉及但符合技能特点或前人虽有提及但没有进行实证的词条，则从技能人才创新素质访谈和开放式问卷调查获得的相关资料中，筛选那些具有代表性又能反映技能人才创新素质特征的典型描述，再结合创新素质词条的内涵，概括出能够表征该创新素质词条的行为。

组建由 20 人构成的专家小组，其中有 10 人是来自不同领域一线作业技能人才；有 5 人是来自具有多年技能人才管理工作经验且有一定管理学知识背景的企业中层管理人员；心理学或人力资源管理的专业教师有 5 人。对专家小组发放初始技能人才创新素质量表采用“背对背”的通信方式，征询专家对其中测量条款的修改意见。在分别获得修改意见后，进行整理、归纳、统计，再将意见反馈给专家小组，再征求意见、再集中、再反馈。经过四轮不断地调整和征询，专家小组的意见趋于一致。形成的《技能人才创新素质调查问卷》分为两部分：第一部分的内容有被试者的性别、年龄、职称，所取得的创新成果等基本信息，主要是用来对被试者基本情况调查；第二部分是由前面经修改后的 79 个技能人才创新素质测题条款构成的量表主体，测题采用李克特自评式 5 点量表法，测题的顺序根据技能人才创新素质内容结构将同一维度同一主题的题项放在一起。

二、预调研及量表提纯

（一）问卷发放

在形成初始调查问卷后，通过小规模的调研检验初始问卷的质量、筛选和净化测量条款项，再结合预测试中发现的问题修订初始题项，最终获得用于正式调研的技能人才创新素质量表。在近五年中华技能大奖赛和全国技术能手获得者及所在单位人力资源部组成的名单库中随机抽取被试对象，然后通过直接或间接的方式与他们取得联系说明意图并征得他们同意后发放问卷。共计发放问卷 200 份，回收问卷 107 份。回收的问卷中有效问卷有 96 份，有效问卷的回收率为 58%。

（二）信度分析

利用内部一致性系数（Cronbach's α）反映量表整体可靠性，开展问卷的信度分析。数据分析结果显示，技能人才创新素质初始量表的 Cronbach's α 值为 0.960，远远大于 0.7，表示量表总体信度较好，量表整体可以接受（Guieford，1965）。使用项目总相关系数（CITC）判断单个题项的信度，以 CITC 系数小于 0.4 为标准筛选技能人才创新素质题项（Kohli et al.，1993）。根据测量结果，有 15 个题项的 CITC 值低于 0.4，从 CITC 值最小的题项开始，逐一删除题项并检验新量表的 Cronbach's α 值和余下各题项的 CITC 值（卢纹岱，2002）。在删除该 15 个题项之后，技能人才创新素质量表 Cronbach's α 系数由 0.960 上升到 0.962。因此，删除能引致 Cronbach's α 系数上升的题项共计 15 项，此时，技能人才创新素质量表题项减少为 64 项。

（三）效度分析

首先，分析问卷的结构效度。变量间的相关性是进行因素分析的先决条件（余建英，2003），将参与因素分析的 64 个题项，用 Bartlett 球形检验，其值为 4669.185，显著性水平为 0.000，小于显著性水平 0.05，因此拒绝 Bartlett 球形检验的零假设，说明适合做因素分析（马国庆，2002）。另外，KMO 检验结果为 0.663，根据统计学家 Kaiser 给出的标准，KMO 值大于 0.6，可进行因素分析。运用主成分分析方法进行因素分析，按照因子特征值大于 1 的原则抽取因子，然后对因子进行方差极大正交旋转，获得因子载荷矩阵。采用公认的项目评价和筛选标准删除符合以下条件之一的题项：（1）共同度小于 0.5（MacCallum，1999）；（2）因子载荷小于 0.4（Nunnally，1994）；（3）同时在几个因子上均有高载荷且最大两个跨载荷之差小于 0.1；（4）仅一个题项载荷于一个因子。经过多次因子分析，共删除 21 个题项，得到具备较好区分性的因素结构。

然后，提升问卷的内容效度。根据被试者一般完成预测所花费的时间和在问卷作答过程中的疑问及反馈，继续完善问卷，共修正 7 个问卷题项的表述，提升了问卷题项表达的准确性和清晰度，进一步改善了量表的内容效度。最终获得了包含 43 个题项的技能人才创新素质量表作为正式调研量表，在此基础上编制调研问卷。

三、正式调研数据收集

大规模问卷调查采取实地发放的形式完成。以第十二届、第十三届中华技能大赛评选结果为依据，问卷发放单位拟从在大赛中获奖人员所在的企业中选取，这些企业重视技能人才的培养和使用，具有一支高素质的技能人才队伍，能为问卷的发放提供丰富的样本资源。从中随机抽取企业，通过与企业负责人联系，有 32 家企业愿意协助笔者开展大规模问卷调查，企业涉及的省级行政区包括北京、上海、天津、浙江、江苏、湖南、湖北、江西、广东、广西、新疆、山西、山东、山西等，涉及的行业包括制造、建筑、交通运输、采矿、电力等多个行业。在与企业负责人沟通后，请企业负责人协助选择在一线工作并符合以下条件之一的技能人才实施问卷发放：（1）有新发明和新创造；（2）改进了工艺流程或提升了劳动效率；（3）改善了产品质量或强化了企业安全生产。

问卷调查时间为 2022 年 9 月初到 2022 年 12 月底，历时三个月。共发放问卷 400 份，回收 399 份，去除无效问卷，最终回收的有效问卷为 385 份，有效问卷回收率为 96.25 %（见表 3 - 3）。其中，女性 56 人（占 14.55%）、男性 329 人（占 85.45%）；年龄在 30 岁以下 144 人（占 37.40%）、31 ~ 40 岁 151 人（占 39.22%）、41 ~ 50 岁 63 人（占 16.36%）、51 岁以上 27 人（占 7.02%）；高中及以下 94 人（占 24.42%）、中专 109 人（占 28.31%）、大专 117 人（占 30.39%）、本科及以上 65 人（占 16.88%）；初级工及以下 32 人（占 8.31%）、中级工 69 人（占 17.92%）、高级工 76 人（占 17.94%）、技师 126 人（占 32.73%）、高级技师及以上 82 人（占 21.30%）。

表 3 - 3　　正式调研样本统计特征分布

变量	类别	人数	比例%
性别	女性	56	14.55
	男性	329	85.45

续表

变量	类别	人数	比例%
年龄	30 岁以下	144	37.40
	31 ~40 岁	151	39.22
	41 ~50 岁	63	16.36
	51 岁以上	27	7.02
学历	高中及以下	94	24.42
	中专	109	28.31
	大专	117	30.39
	本科及以上	65	16.88
职称	初级工及以下	32	8.31
	中级工	69	17.92
	高级工	76	17.94
	技师	126	32.73
	高级技师及以上	82	21.30

四、项目分析

通过测量学分析，从频次分析的结果来看，全量表的 43 个题项都具有较合理的社会称许性。没有测题产生“天花板效应”① 和“地板效应”②，因为各题项的均值分布在 3.3403 ~4.2416；也没有特异现象出现，因为题项的标准差分布在 0.73132 ~0.99795，分布较为均匀；量表题项都具有中等左右的通俗性水平，因为所有题项的通俗性水平③分布在 0.6681 ~0.8483。

① “天花板效应”是指对于题项所描述的情况，被试都比较符合，以至于绝大多数被试都选比较高的得分。

② “地板效应”是指对于题项所描述的情况，被试都不太符合，以至于绝大多数被试都选比较低的得分。

③ 通俗性水平相当于能力测验中的难度系数，计算方法为每个项目的均值除以该题的最大值。

通过临界比率分析调整全量表43个题项中反向计分题的分数，计算量表的总分。题项总相关系数采用皮尔逊积差相关计算获得，各题项总相关系数均在0.4以上。对被试者按照总分情况从高到低排序并进行分组，高分组为总分排名前26%的被试者、低分组为总分排名后26%的被试者，高分组和低分组各选102人。将高分组和低分组每一题项均值相减后绝对值均大于0.5，均达到显著性标准（马庆国，2008）。对均值进行独立样本T检验，高分组和低分组的显著性水平值均小于0.05，检验结果为拒绝原假设，高分组和低分组均值存在显著差异，这说明两组被试者差异显著，因此不同被试者的反应程度能够被量表区分。

第三节　技能人才创新素质量表结构分析

一、探索性因子分析

随机抽取有效问卷的一半（N = 193）作为样本进行探索性因子分析（EFA），以此来探求技能人才创新素质的内在结构。

（一）一阶探索性因子分析

一阶探索性因子分析结果表明非常适合开展探索性因子分析，分析结果是：KMO的值为0.892，远远大于0.7，Bartlettd球形检验的值为2801.377，且在0.01的水平上显著。如表3-4所示，因子载荷矩阵为运用主成分分析方法和方差极大斜交旋转获得。在Kaiser原则的指导下，提取了大于1的7个特征根因子，它们总共解释了65.915%的总方差。对因子分析中出现因子载荷小于0.4或多重载荷于不同因子的题项逐步删除并反复进行因子分析后，最终较好地分布在各个因子之中的题项只剩余29个。

表 3-4 技能人才创新素质一阶因子矩阵（N=193）

题项	因子载荷	题项	因子载荷		题项	因子载荷		题项	因子载荷	
	F1		F2	F3		F4	F5		F6	F7
生产作业能力	0.749	服从意识	0.812		开拓精神	0.736		成果推介能力	0.715	
组装能力	0.682	自觉性	0.694		发散思维	0.705		语言表达能力	0.688	
生产适应能力	0.666	爱岗敬业	0.660		科学精神	0.622		资源获取能力	0.634	
设备使用和维护能力	0.649	服务意识	0.652		探索精神	0.604		分析能力		0.783
解决问题能力	0.532	责任感	0.624		踏实肯干		0.814	观察力		0.762
生产应变能力	0.512	意志力		0.929	细致认真		0.726	理解能力		0.436
判断问题	0.497	进取心		0.773	奉献精神		0.654			
		自信心		0.446	务实精神		0.524			
因子命名	生产实践	因子命名	职业操守	人格特质	因子命名	精神感知	基础品质	因子命名	人际交往	问题处理
特征值	10.167	特征值	2.329	1.614	特征值	1.493	1.256	特征值	1.171	1.086
方差贡献率	35.058	方差贡献率	8.031	5.567	方差贡献率	5.149	4.330	方差贡献率	4.036	3.744
累计方差贡献率	35.058	累计方差贡献率	43.099	48.655	累计方差贡献率	53.805	58.134	累计方差贡献率	62.171	65.915

因子 F1 包含生产适应能力、组装能力、生产作业能力等 7 个题项，将其命名为“生产实践”，因为其所包含的题项内容反映了技能人才创新所需要具备的在实际生产中的工作特征和实践工作中的行为能力要求；因子 F2 包含爱岗敬业、自觉性、服从意识等 6 个题项，将其命名因子为“职业准则”，因为其所包含的题项内容体现了技能人才在一线作业时实施创新过程中须遵循的基本准则和基本要求；因子 F3 包含进取心、意志力等 3 个题项，将其命名为“人格特质”，因为其所包含的题项内容体现了在创新过程中技能人才对于创新的成果隐藏在内心孜孜不倦的追求和现实中持续奋斗的进取鞭策；因子 F4 包含科学精神、发散思维、开拓精神等 4 个题项，将其命名为“精神感知”，因为其所包含的题项内容阐述了技能人才

在创新过程中的精神理念和思维模式；因子 F5 包含奉献精神、细致认真、踏实肯干等 4 个题项，将其命名为“基础品质”，因为其所包含的题项内容注重技能人才在创新工作中的工作态度和工作品质；因子 F6 包含资源获取能力、语言表达能力、成果推介能力 3 个题项，将其命名为“人际交往”，因为其所包含的题项内容强调技能人才创新成果的实现和推广需要人与人之间的交流和合作；因子 F7 包含理解能力、观察力、分析能力 3 个题项，将其命名为“问题处理”，因为其所包含的题项内容表达了技能人才在实际问题发现与处理过程中进行工艺的改进从而实现创新的过程。

（二）二阶探索性因子分析

技能人才创新素质一阶因子间可能存在相关关系，共享高阶因子，这是因为 7 个一阶因子的 Bartlett 球形检验在 0.01 的水平上显著。表 3－5 为技能人才创新素质的二阶因子载荷矩阵，它是在一阶因子得分的基础上进一步实施主成分分析和方差极大斜交旋转而获得。KMO 值为 0.795，大于 0.7。在 Kaiser 原则的指导下，提取特征根大于 1 的 3 个因子，它们共同解释 61.796% 的总方差。

表 3－5　　技能人才创新素质二阶因子矩阵（N＝193）

一阶因子	因子载荷		
	S1	S2	S3
F5：基础品质	0.802		
F2：职业操守	0.543		
F6：人际交往		0.768	
F7：问题处理		0.703	
F1：生产实践		0.579	
F4：精神感知			0.865
F3：人格特质			0.545
因子命名	创新基础	创新实践	创新指引
特征值	2.499	1.218	1.006
方差贡献率	35.704	14.547	11.518
累计方差贡献率	35.704	50.251	61.769

“F5 基础品质”和“F2 职业操守”两个一阶因子包含在二阶因子 S1 中，将其命名为“创新基础”，这是因为“基础品质”和“职业操守”两个因子的内容体现了技能人才坚守的工作规则和工作的品质要求，是技能人才创新活动开展的根本出发点，反映出技能人才在创新素质体系最核心、最深层次的本质。“F6 人际交往”“F7 问题处理”和“F1 生产实践”三个一阶因子包含在二阶因子 S2 中，将其命名为“创新实践”，这是因为“人际交往”“问题处理”和“生产实践”三个因子描述出了技能人才创新活动的具体行为过程，表达了技能人才在生产实践、问题处理和人际交往过程中实现、完善并推广创新成果，体现了技能人才创新活动的过程，是反映技能人才创新素质特点的最表象内容。“F4 精神感知”和“F3 人格特质”两个一阶因子包含在二阶因子 S3 中，将其命名为“创新指引”，这是因为“精神感知”和“人格特质”两个因子表达了技能人才创新过程中的思维模式、精神诉求和人格感知，反映了技能人才创新活动中人内在品质和思想状态，激发和引导着技能人才创新灵感的形成。

二、验证性因子分析

将前面随机抽取后剩下的有效问卷形成另一半样本（N = 193）进行验证性因子分析（CFA），检验实际观测数据中前面探索性因子分析得到的构想模型之间的拟合情况。根据各因子之间的逻辑联系提出若干竞争模型，以便更好地验证构想模型的准确程度，通过几个竞争模型与探索性因子分析构想模型的比较，检验模型与数据的吻合程度。

（一）一阶验证性因子分析

设定模型 M1、M2 和 M3 为备择竞争模型。在 M1 所表示的一阶单因子模型中，假设技能人才创新素质为 29 个题项拥有共同潜变量。在 M2 所表示一阶三因子模型中，假设技能人才创新素质依据“素质冰山模型”分为“冰山下的部分”“冰山上的部分”和“冰水相接的部分”，其中“冰山下的部分”拥有的共同潜变量是“人内在深层特征”，该部分包含 7 个题项；

"冰山上的部分"拥有的共同潜变量是"人外在行为表现"，该部分包含10个题项；"冰水相接的部分"拥有的共同潜变量是"人心理思想状态"，该部分包括12个题项。在M3所表示的一阶七因子模型中，以探索性因子分析的结果为基础，假设问题处理、人际交往、基础品质、精神感知、人格特质、职业操守、生产实践7个内容为一阶因子。

对以上3个备择竞争模型以一阶因子为潜变量，以每个因子对应题项为观测变量进行一阶验证性因子分析。表3-6为模型拟合结果。M1模型中，TLI小于0.70，RESEA大于0.08（Hu & Bentler，1999），数据拟合程度不甚理想。再比较M2模型与M3模型发现技能人才创新素质一阶因子模型倾向于支持拟合情况较好的一阶七因子模型M3（Kline，2010；Vrieze，2012），因为在一阶七因子模型M3中TLI、CFI较M2有显著上升，χ^2/df、AIC、BIC下降明显，SRMR、RMSEA显著下降。且在3个备择竞争模型中，只有一阶七因子模型M3的观测变量在对应因子上的回归系数均大于0.5，可见模型M3在一阶因子模型中最优。由此，一阶七因子结构的技能人才创新素质得到验证。

表3-6　　技能人才创新素质一阶因子拟合度指标（N=193）

模型	χ^2	df	χ^2/df	TLI	CFI	AIC	BIC	SRMR	RMSEA (90% CI)
M1：一阶单因子	1147.48	377	3.04	0.686	0.707	12370.39	12673.82	0.078	0.095
M2：一阶三因子	956.09	374	2.55	0.736	0.755	12249.97	12563.19	0.076	0.087
M3：一阶七因子	628.44	356	1.77	0.863	0.878	11952.76	12324.71	0.060	0.063

（二）二阶验证性因子分析

以拟合效果最优模型M3为基础模型来验证技能人才创新素质高阶因子模型情况，验证采取比较技能人才创新素质一阶因子与二阶因子以及比较二阶因子模型之间拟合情况的方式来进行。设定M4、M5、M6为二阶因子备择模型，其中M4表示为假设存在一个高阶因子统领一阶7个因子的二阶单因子模型；M5表示包含以基本品质、职业操守一阶因子为基础形成的创新基础二阶因子 1，以人际交往、问题处理和生产实践一阶因子为基础形成的创新实践二阶因子 2，以精神感知、人格特质一阶因子为基础形成的创新指引二阶因子 3 在内的二阶三因子模型。M6 表示为包含根据技能人才创新素质一阶因子中 7 个因子的内涵与外延，将相关性较强的一阶因子中职业操守、精神感知、人格特质、基础品质反映内在心理的归为一个二阶因子 1，将相关性较强的一阶因子中人际交往、生产实践、问题处理反映外在行为的归为一个二阶因子 2 在内的二阶双因子模型。

表 3－7 显示，以一阶七因子模型作为基础模型与备择模型 M4 进行比较发现，技能人才创新素质 7 个一阶因子后面存在一个统管的高阶因子，因为备择模型 M4 的 χ^2 下降达到显著水平，df 有明显上升，且 TLI、CFI 上升较大。与二阶单因子模型 M4 相比，二阶双因子模型 M6 的 χ^2/df、AIC、BIC、SRMR、RMSEA 都略有下降，TLI、CFI 略有上升，达到较好的拟合水平，这说明二阶双因子模型 M6 比二阶单因子模型 M4 能更好地表达技能人才创新素质的高阶因子情况。二阶三因子模型 M5 与二阶双因子模型 M6 相比，其 χ^2/df、AIC、BIC、SRMR、RMSEA 都有所下降，且 TLI、CFI 有所上升，这说明二阶三因子模型 M5 不但拟合得更好而且更为简约，因此二阶三因子模型 M5 在所有高阶因子模型中拟合最好。通过高阶因子模型与低阶因子模型以及高阶因子模型之间的比较，得出结论，技能人才创新素质要用高阶因子来表达，比较结果显示二阶三因子模型拟合更佳，由此二阶三因子模型结构得到验证。

表 3－7　技能人才创新素质二阶因子拟合度指标（N＝193）

模型	χ^2	df	χ^2/df	TLI	CFI	AIC	BIC	SRMR	RMSEA (90% CI)
M3：一阶七因子	628.44	356	1.77	0.863	0.878	11952.76	12324.71	0.060	0.063
M4：二阶单因子	562.23	370	1.52	0.896	0.905	11176.25	11482.94	0.068	0.052
M5：二阶三因子	538.73	367	1.47	0.906	0.915	11155.23	11471.71	0.063	0.049
M6：二阶双因子	545.95	369	1.48	0.904	0.913	11159.71	11479.69	0.064	0.050

三、信度与效度检验

（一）信度检验

信度检验通过衡量量表各题项内容一致性程度来反映技能人才创新素质量表的稳定性和可靠性。Cronbach's α 系数是衡量内部一致性信度的最常用指标（王重鸣，2001）。采用随机抽取后剩下的一半有效回收问卷作为样本来分析技能人才创新素质各阶因子题项的信度，结果显示技能人才创新素质各题项均具有较好的信度，如表 3－8 所示。具体而言，总量表的 Cronbach's α 系数为 0.935，表示量表信度极佳，测量质量极好。三个二阶因子——“创新基础、创新实践、创新指引”的 Cronbach's α 系数分别为 0.878、0.892 和 0.813，均大于 0.8，信度非常高。一阶因子中除了“人际交往”和“问题处理”的 Cronbach's α 系数分别为 0.687 和 0.697，接近于 0.7，处于可接受的信度范围外（Kline，1998），其余各一阶因子题项的内部一致性系数都高于 0.7，均处于相当不错的信度水平（Nunnally & Bernstein，1994）。因此，该量表通过信度检验。

表 3－8　技能人才创新素质各阶因子的内部一致性系数（N＝193）

总量表	题项数	Cronbach's α 系数	二阶因子	题项数	Cronbach's α 系数	一阶因子	题项数	Cronbach's α 系数
技能人才创新素质量表	29	0.933	S1：创新基础	9	0.878	F2：职业操守	5	0.801
						F5：基础品质	4	0.860
			S2：创新实践	13	0.892	F6：人际交往	3	0.687
						F7：问题处理	3	0.697
						F1：生产实践	7	0.871
			S3：创新指引	7	0.813	F4：精神感知	4	0.782
						F3：人格特质	3	0.739

（二）效度检验

效度评估包括内容效度和结构效度。内容效度考察量表的题项在多大程度上与所要测量的特征范畴吻合，用定性方法来实施。本量表测量题项的形成广泛参考国内外学者的研究、研读典型技能人才创新事迹相关材料并展开实地访谈的基础上采用扎根理论尽可能收集全部技能人才创新素质完备的题项。然后组织了由一线作业技能人才、多年技能人才管理经验的企业中层管理人员和人力资源管理等领域的专任教师若干名逐条对量表题项进行分析、甄别和补充。最终量表的形成，经历了形成初始量表、预测试剔除影响量表信效的测项、根据预测中的反馈情况对量表个别题项的语言表述进行进一步修改等过程。因此技能人才创新素质量表的内容效度能够得到保障。

结构效度包括收敛效度和区分效度。收敛效度测量可根据潜在变量与观测变量的标准载荷、平均变异抽取量 AVE 和组合信度 CR 来衡量，如表 3-9、表 3-10 所示，各一阶和二阶潜变量与观测变量之间的标准载荷均大于 0.5，各一阶和二阶潜变量平均变异抽取量 AVE 均大于 0.5，且组合信度 CR 值均大于 0.7，这说明技能人才创新素质量表中各阶因子都满足收敛效度的要求（Hair，2006）。区分效度测量通常采用比较各阶因子之间标准化相关系数与所涉及各阶因子自身 AVE 的平方值大小来衡量，如表 3-9、表 3-10 所示，各阶因子中任何一个潜变量的 AVE 平方值都大于其潜变量的相关系数，故各阶因子间存在足够的区分效度。因此技能人才创新素质量表具有良好的结构效度。

表 3-9 一阶潜变量结构效度检验

	F1	F2	F3	F4	F5	F6	F7
F1	(0.775)						
F2	0.608	(0.752)					
F3	0.515	0.602	(0.742)				
F4	0.584	0.631	0.687	(0.719)			
F5	0.581	0.688	0.562	0.500	(0.740)		
F6	0.651	0.397	0.483	0.513	0.418	(0.737)	
F7	0.765	0.652	0.597	0.683	0.621	0.653	(0.810)

续表

	F1	F2	F3	F4	F5	F6	F7
AVE 值	0.501	0.565	0.551	0.517	0.548	0.544	0.529
CR 值	0.873	0.866	0.786	0.741	0.784	0.705	0.692

注：对角线括号内值为此潜变量的平均变量抽取量 AVE 的平方根。

表 3-10　　二阶潜变量结构效度检验

	S1	S2	S3
S1	(0.812)		
S2	0.784	(0.856)	
S3	0.804	0.825	(0.832)
AVE 值	0.660	0.733	0.692
CR 值	0.795	0.891	0.818

注：对角线括号内值为此潜变量的平均变量抽取量 AVE 的平方根。

四、量表形成

二级维度的构建依据探索性因子分析和验证性因子分析的结果来进行，主要是结合“素质冰山模型”的基本思想将技能人才创新素质分为“冰山下的部分”“冰山上的部分”和“冰水相接的部分”三个层级，分别解释技能人才对于创新“为什么做”“想做什么”和“能做什么”。前面技能人才创新素质7个类别形成的技能人才创新素质一级维度，根据各一级维度的内容和对技能人才创新素质冰山模型的理解，将“人格特质”“精神思维”“生产意识”“基本素质”“知识扩展”“问题处理”“工作能力”7项一级维度划分到各二级维度中。其中，“为什么做”是“冰山以下部分”，将其命名为“创新基础”，表明技能人才创新素质内容的深层次特征，包含的一级维度有“职业操守”和“基本品质”，其内容体现了技能人才创新活动开展的根本出发点，反映出技能人才创新素质最核心最深层次的本质。“能做什么”是“冰山以上部分”，将其命名为“创新实践”，是技能人才看得见的外在表现，其包含的一级维度有“人际交往”“问题处理”

和“生产实践”，体现了技能人才创新活动具体过程，是反映技能人才创新素质特征的最表象内容。“想做什么”是“冰水相接部分”，将其命名为“创新牵引”，介于深层特征和外在表现若隐若现的中间环节，包含的一级维度有“精神思维”和“人格特质”，主要表达了技能人才在创新过程中内在的引导和追求。

而“解决问题能力”“务实精神”“开拓精神”“判断问题”“意志力”等条目所代表的题项“我常常能解决实际生产中出现的问题”“我注重实效，花更多时间致力于实在的或具体的事情”“工作中，我总是尝试寻找新的可行方法解决问题”“我能对操作过程中出现的紧急情况做出准确判断”“我意志坚定地在创新道路上不断摸索”29 项所构成的技能人才创新素质量表。并经过实证分析最终确定其各自一级维度归属，其中“职业操守”包括“我服从组织安排”“我能自觉完成工作任务”等 5 个题项；“基础品质”包括“我不怕苦不怕累，我愿意实实在在做好自己的事”“我对待工作一丝不苟，从不马虎”等 4 个题项；“人际交往”包括“我善于利用机会适时宣传和推广自己的创新成果”等 3 个题项；“问题处理”包括“我善于分析不同事物间的基本联系和差异”等 3 个题项；等等。技能人才创新素质量表内容构成如表 3－11 所示。

表 3－11　　技能人才创新素质量表内容

二级维度	一级维度	条目	题项
创新基础	职业操守	服从意识	我服从组织安排
		自觉性	我能自觉完成工作任务
		爱岗敬业	我热爱自己的工作岗位，全身心投入工作
		服务意识	我能够在生产中以服务他人为导向
		责任感	我有强烈的责任感，尽职尽责做好本职工作
	基础品质	踏实肯干	我不怕苦不怕累，我愿意实实在在做好自己的事
		细致认真	我对待工作一丝不苟，从不马虎
		奉献精神	为了工作，我愿意经常付出额外的努力
		务实精神	我注重实效，花更多时间致力于实在的或具体的事情

续表

二级维度	一级维度	条目	题项
创新实践	人际交往	成果推介能力	我善于利用机会适时宣传和推广自己的创新成果
		语言表达能力	在交往中，我能准确表达自己的想法和意图
		资源获取能力	我能设法获得创新活动开展所需的资源
	问题处理	分析能力	我善于分析不同事物间的基本联系和差异
		观察力	我观察事物细致入微
		理解能力	我能把握事物的本质特征和内部联系
	生产实践	生产作业能力	我会操作和使用生产工具、设备
		组装能力	我会安装生产工具、设备
		生产适应能力	我会调整作业方式、参数或流程以适应生产要求和环境变化
		设备使用和维护能力	我能使用、维护和保养生产设备，并使之保持良好工作状态
		解决问题能力	我常常能解决实际生产中出现的问题
		生产应变能力	对于现场技术难题、非正常突发事件或故障我能灵活处理
		判断问题	我能对操作过程中出现的紧急情况作出准确判断
创新指引	精神感知	开拓精神	在工作中，我总是尝试寻找新的可行方法解决问题
		发散思维	我能够沿着不同的方向思考问题
		科学精神	在工作中，我会依据经验，用科学的方法反复试验寻找最优方案
		探索精神	在工作中，我会深入钻研并反复试制以探求规律
	人格特质	意志力	我意志坚定地在创新道路上不断摸索
		进取心	我总是在探寻新知识、尝试新方法
		自信心	对于创新，我充满自信

本章小结

本章为后面研究的展开奠定了研究基础，在整个研究中具有承上启下的作用。首先，运用扎根理论，通过技术性文献阅读和行为事件访谈采集技能人才创新素质初始内容条目。其次，以初始条目为依据形成《技能人才创新素质内容半开半闭问卷》，以国家技能人才培养突出贡献单位人力资源负责人和全国技能人才培养突出贡献个人中企业人员为调研对象，根据问卷的回收结果及对技能人才创新素质整体框架的认知，形成技能人才创新素质内容结构的理论构想。最后，以理论构想为基础构建技能人才创新素质初始量表，对“中华技能大奖”中技能大赛和全国技术能手的问卷调查获得的数据，通过预测试净化量表题项、探索性因子和验证性因子改善量表结构和验证题项构成、信效度检验最终确定了技能人才创新素质正式量表。

技能人才创新素质内容结构包括发现问题、机器使用和维护能力、求知欲、实践工作经验、踏实肯干等 79 项基础条目；基本品质、职业操守、问题处理、知识扩展等 12 项一级条目；以及“冰山以下部分”“冰山以上部分”和“冰水相接部分”3 项二级维度。

技能人才创新素质量表包含踏实肯干、务实精神、自觉性、解决问题能力等 29 项基础条目题项，包括生产实践、职业操守、人格特质、精神感知等 7 项一级维度，包括创新基础、创新实践和创新指引 3 项二级维度。其中，创新基础二级维度体现了技能人才创新活动中坚守的准则和品质要求，反映了创新素质体系最核心最深层次的本质，解释了“为什么做”的问题，包括基本品质、职业操守 2 项一级维度和踏实肯干、细致认真、服从意识等 9 项基础条目；创新实践二级维度体现出技能人才创新活动的具体行为，表达了创新素质体系的表象特点，描述了“能做什么”的问题，包括人际交往、问题处理、生产实践 3 项一级维度和成果推介能力、分析能力、生产作业能力等 13 项基础条目；创新指引二级维度反映了技能人才在创新活动中内在的精神理念和思想品质，明确了“想做什么”的问题，包括精神感知、人格特质 2 项一阶因子和开拓精神、发散思维、意志力等 7 项基础条目。

量表开发程序严谨、科学，且量表结构清晰，具有较好的收敛性和区分性，且信度和效度较好，分析结果与定性研究结论相似。因此，本书编制的技能人才创新素质量表实现了与内容结构理论框架的有效匹配，可为后面研究的展开提供了参考的测量框架。

第四章

变革型领导与技能人才创新素质作用机制

第一节　理论模型与研究假设

一、理论模型

创新的主体是人，技能人才的兴趣、参与活动的热情、工作中的挑战以及满意度都会影响动机的形成，促使其能够扎根行业、专注工作。因为促进人主观能动性发挥的是基于热爱的激情和毅力，技能人才的创新素质因此也才能得到激发。本书基于知识图谱文献计量分析，提炼出技能人才创新素质前因影响因素变革型领导、内生动机和组织创新战略。这些因素构成了技能人才创新素质的前因变量，根据各因素之间的内在逻辑联系，建立要素之间的关系结构，构建出变革型领导与技能人才创新素质作用机制理论模型（见图4－1）。

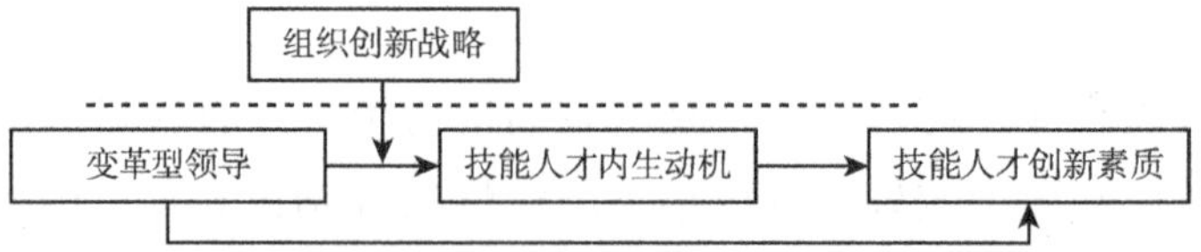

图4－1　变革型领导与技能人才创新素质作用机制理论模型

上述模型中，变革型领导为自变量，技能人才创新素质为因变量，创新人才内生动机为中介变量，组织创新战略则为调节变量。变革型领导善于关注和发掘技能人才的内在需求，通过提供情感支持、公平评价员工、鼓励并及时反馈员工的建言等行为激发技能人才的内生动机，对技能人才创新素质产生重要的影响。此时，变革型领导通过技能人才内生动机中介作用，对其创新素质产生影响。同时企业也要根据实际制定合适的创新战略。领导者作为企业创新战略的主要制定者，对企业战略的选择有重要影响。此时，组织创新战略调节影响上述变量关系。与此同时，企业也需要实事求是地对自身状态进行定位、对外部环境进行研判，制定符合发展实际的创新战略。领导者作为企业创新战略的主要制定者，对企业战略的选择有重要影响。此时，组织创新战略调节影响上述变量关系。通过上述分析，结合国内外相关文献的梳理与回顾发现变革型领导同技能人才内生动机的主动性方面存在共性且对其创新素质产生影响，同时组织创新战略可以调节个体动机和素质。变革型领导与技能人才创新素质作用机制越强说明技能人才选择激发创新素质的意愿越强，变革型领导与技能人才创新素质作用机制越弱说明技能人才选择激发创新素质的意愿越弱。

二、研究假设

（一）变革型领导与技能人才创新素质的关系

有研究指出，全力投入的程度、明晰的期望水平等要素是组织得以发展具有优势的根源所在。这些要素通过领导者带动组织持续进行有效学习而生成，持续学习能充实和提高组织与成员的内涵，有利于组织适应环境变化能力的提升。技能人才创新的特点决定了领导风格对技能人才创新素质起着重要的影响作用。第一，技能人才创新素质激发是一个观念碰撞、平等交流的过程，在此过程中领导风格的特点决定了技能人才是否重视和善于接受不同的观点、理念；第二，技能人才创新素质激发过程中会出现冲突，领导者如何正确引导有积极意义的冲突、调和化解有消极意义的冲突十分关键，处理冲突的结果会直接影响技能人才创新素质的发挥，这是领导者不能回避的责任；第三，技能人才考核、评价和奖励制度是否被领导者重视，以及领导者是否能够公正合理地运用制度对技能人才进行考评和奖励，必然会影响企业技能人才创新素质的正常发挥。对这些问题的重视和处理方法，属于领导风格范畴内的事情。变革型领导通过提供基础、实践创新、指引创新等创新鼓励行为的认知，来影响技能人才的创新素质。

变革型领导能够为技能人才提供创新方向、创新动力和创新支持，技能人才对领导创新支持的感知为更强创新意愿和创新动机的激发奠定了基础。认知是培养技能人才创新素质的基本要素，对技能人才来说认知就是在了解组织各项基本工作的基础上形成自己个性化的理解。用另一种方式来解释就是，技能人才综合工作环境中的各种信息建立自己独到的、有利于加深对创新相关问题认知程度的理解。研究发现，变革型领导为人处世的特点，有着感染并领导技能人才建立创新观念的行动魅力。变革型领导不仅信任、尊重技能人才，还给予技能人才足够地探索未知领域、提出创造性想法的自由空间。变革型领导提供生活和工作上的保障来促进技能人才专注工作而无其他后顾之忧，推动技能人才愿意冒险并自由地探索与应用新技艺、新方法，帮助技能人才消除提升创新素质的心理障碍（Amabile，1996）。Andrews 和 Gordon（1976）的研究发现，同行或领导早期的负面反馈会抑制技能人才的创新素质。技能人才创新一旦被过早地遭到批评，特别是当还处于形成阶段的创新想法遭到批评时，技能人才就有可能会退缩（Galluchi，2000）。个性化的帮助和关怀在减轻负荷性工作压力的同时，又会增加技能人才对挑战性压力的感知从而刺激其提升创新素质（蔡亚华，2011）。在变革型领导个性化关怀下，工作上技能人才的新思想、新想法都能够得到支持和鼓励，生活上技能人才的家庭和生活也能得到照顾，技能人才因无后顾之忧而得到大发展。变革型领导对理解技能人才，重视技能人才不同需要及建议的个别化关怀行为有利于增强下属的信心（Amabile，Schatzel & Moneta，2004）。变革型领导通过个性化关怀，更好地把握每一位创新性人才的特点，提供个性化支持来发掘他们的优点和创新潜力，促使每一位创新性人才做出更多创新性行为来推动企业发展。变革型领导使技能人才内心信服，并将其作为榜样，不断地去提升自身能力。

变革型领导以身作则，主动创新，技能人才也会在无意中以领导为榜样实现创新素质提升。变革型领导会定期培训技能人才的专业知识和技能，并根据技能人才个体的素质特点来安排相适应的工作任务。变革型领导会结合工作任务完成的评估结果来对技能人才的基本技能和职业素养进行调整和提升。变革型领导还会以提出一个富有创新性的解决方案、提出一个更广泛的实质性问题来确定任务的方式直接参与到创新工作中，以此将技能人才更高水平的创新素质激发出来（王乐勋，2013）。创新素质具有内在性特征，领导的评估意见及反馈方式对技能人才提升创新素质的投入影响重大（Basadur，2000）。大部分想法在创新工作的实践中注定要失败（Sharma，1999），得出此判断的领导者因对技能人才创新素质激发持消极态度而会做出低估技能人才创新性想法价值的错误行为，这对具有高创新素质的技能人才可能会产生刻板影响，导致领导者过早否决他们的一些可行性想法。研究表明，预测创新的一项关键因素是上级的启发式反馈。变革型领导是促进技能人才创新能力有效提升重要因素之一，技能人才认知创新另一个重要途径是企业中大量的工作活动实践。因此，领导者需要说服管理层认可技能人才的可行性想法。在技能人才对工作有新想法时领导者积极参与讨论并给技能人才有益的反馈，采取诸如此类的方式鼓励和支持新想法及解决方案的提出，有助于技能人才创新意愿和创新的自信心的增强。引导技能人才形成凝聚力和团队精神的重要因素之一是企业领导良好的德行，能感召技能人才其全心全意为企业发展而努力付出（吴文华和赵行斌，2010），促进技能人才创新素质的提升。变革型领导自身的魅力能感召技能人才敬佩和追随，感化技能人才主动向变革型领导学习并积极开展创新活动。人们往往更愿意拥戴因富有感召力而具备独特人格魅力的人作为领导者。领导的魅力在企业的变革和创造性发展中往往起着至关重要的作用（Bass，1995）。有魅力的领导者鼓励技能人才采用合作而非竞争的互惠互利方式来促进团队凝聚，这在一定程度上能促进技能人才创新素质的提升（Zhou & Zhang，2011）。

变革型领导提出让技能人才能够认知创新目标，引导技能人才结合自身需要对这个创新目标进行判断推理来发挥创新素质。变革型领导以描绘美好蓝图的方式使技能人才明确自己在工作中的目标和计划、感知工作的价值和意义，进而推动技能人才为解决问题而开展创造性活动。研究发现，受企业领导工作方式的长久感染，员工的工作态度和行为在很大程度上会受到影响而发生变化。一方面，变革型领导通过使技能人才明确企业的经营理念、发展目标和前景来激发其更高层次的追求动机，不断提高技能人才挑战现状、大胆创新、思考探索的能力；另一方面，变革型领导通过帮助技能人才对奋斗目标和前进方向进行科学规划来促进技能人才在工作中积累经验、全心创新（Leithwood，1992）。技能人才发现领导者的指导价值来自领导者对问题确定和思路评估期间的反馈中（Farris，1972）。创新素质受到最大限度激发的情形有四种：一是所选的技能人才项目与组织的核心竞争力相一致时；二是所选的技能人才项目有利于构建新的专业知识时；三是所选的技能人才项目技术开发可行、具有商业优势时；四是所选技能人才的项目开发周期管理从新思路的产生到初步落地的各项运转能确保有适当的时间安排时。变革型领导会通过减轻负荷性工作压力，增加挑战性工作压力感知的方式来促进技能人才创新素质的提升。领导者的魅力不仅体现在其做事风格、思维模式能吸引技能人才，还体现在其能很好地以高超的业务能力和组织协调能力对技能人才的创新性行为进行指导（孟慧，2006）。领导魅力的加持和感召在一定程度上可以提高企业员工个性化创新水平和创新感知程度，并深入持久地投入创新工作和创新活动中。同时，变革型领导还通过分享、投入、刺激等手段在实际运作的过程中提升技能人才的思想觉悟来促使高技能人才对未来充满希望，激发技能人才的高层次需要及建立组织信任关系，使技能人才自觉将个人的利益服从于组织的利益进而做出超越预期的表现（Piliai，1999）。

综上所述，本书提出以下假设：

H4 -1：变革型领导对技能人才创新素质有显著正向影响。

（二）技能人才内生动机、变革型领导与技能人才创新素质的关系

1. 变革型领导对技能人才内生动机的影响

Oldham 和 Cummings（1996）的研究发现，变革型领导具有通过对员

工给予个性化关怀和支持来增强个体员工内在动机和创造力的行为特质。具有积极心理状态的变革型领导对技能人才的内生动机产生积极影响，如果更多的变革型领导行为来自上级，那么就会影响其管理的技能人才产生积极创新的内生动机（Sosik，1999）。自我决定理论认为，员工的内生动机会增强是因为员工的归属、胜任和自主感等基本心理需求在工作中得到了满足，而变革型领导则能满足员工的这三项基本心理需求。

变革型领导能够影响技能人才的自主感心理需求，体现在工作中技能人才能利用变革型领导授予的充分自主权积极主动地开展工作（Deci，1989）。自主的感知是内生动机的重要影响因素，通过给予技能人才负责任的工作岗位以提高其自主权，挑战性工作及正面的反馈是内在激励因素。变革型领导会表达对员工的信任及有意识地促进员工技能发展，这些真心关怀在提高员工对自身工作兴趣感方面作用很大（Bass，1990）。变革型领导认可、支持及科学授权的个性化关怀能够激发技能人才的主人翁意识。无论技能人才内生动机的产生过程多复杂，变革型领导可通过领导感召力使技能人才明确组织的愿景及使命，并让技能人才通过后天的学习，来建立正确的创新价值观，增强创新动机（朱瑜和王凌娟，2015）。变革型领导强烈的创新动力能够引导技能人才将个人目标融入组织目标中，技能人才因此而倍加努力工作来超额实现组织预期的绩效目标。

实行个性化关怀是变革型领导激发技能人才潜能、提高技能人才能力的有效行为范式，通过有意识地帮助技能人才应对挑战、承担更多的责任、加速成长来满足技能人才胜任感的心理需求，诱导技能人才不遗余力地完成组织目标。领导者对技能人才创新提出期望实际上是向技能人才的创新工作发出鼓励、支持、认可及反馈的一种信号，这些信号被整体认知的程度将决定能否激发技能人才创新的内生动机（孙锐和张文勤，2012）。Liao等（2010）研究发现，员工的创新精神能够被高创新型的领导激发，员工积极主动的创新性表现也能够被高创新型的领导增强。Albert 和 Horowitz（2009）研究指出，如果领导者创新性的表现在工作中经常性地被激发出来，下属也会因跟随模仿而发自内心地喜爱上创新，进而激发起员工创新的内生动机使其主动表现出更多的创新性行为。变革型领导能为技能人才提供个性化关怀，以富有感召力的方式激励下属容易激发下属思考，让技能人才感受到与工作相关的事项自己有决定权（Pelz & Andrews，1966，1976）。技能人才的创新动机实现多元化发展需要企业领导者建立一定的鼓励与激励机制来确保，强调以给予技能人才优越的外在条件和帮助他们渡过难关的方式来实施个性化关怀，来满足技能人才的工作胜任感。

技能人才因变革型领导对个性化关怀和培养而感到自己受到重视，变革型领导自身的领导魅力发挥也会使技能人才产生更多的归属感，协助技能人才更为透彻地领悟工作的意义。在与技能人才互动的过程中，变革型领导起到了通过自身行为方式来影响技能人才创新观念和认知的榜样作用（Amabile，2004），在一定程度上促进了领导者与员工的关系。变革型领导可通过与技能人才同甘共苦的方式树立起榜样，形成个人独特的领导魅力。领导者对技能人才信任和尊重让技能人才清晰地感知到领导和组织对于其创新的支持，更高的创新力进而表现出来（孙锐和石金涛，2009）。变革型领导以对下属提供个人支持、促进下属间的合作、对创新的进行激励、给予启发性反馈及提供创新所需的资源等形式来激发技能人才的创新热情（黄达鑫和马力，2011）。变革型领导关心技能人才需要被信任和尊重的心理感受，满足技能人才技能发展的实际需求，从而增强了技能人才对工作意义和兴趣的感知。变革型领导能根据技能人才的实际需要提供及时的培训和指导，这种个性化的关怀让每一位技能人才都有被尊重感和归属感。

根据以上论述，本书提出以下假设：

H4 -2a：变革型领导对技能人才内生动机具有显著的正向影响。

2. 技能人才内生动机对其创新素质的影响

根据内生动机理论来解释员工创新已经得到了学术界认可。Amabile（1996）提出了创造素质成分理论，指出技能人才在特定的领域从事什么工作由专业领域相关能力和相关技能知识决定，而个体将要做什么、想做什么、真正从事的事情是源于其工作动机。当技能人才内生动机水平很高时，会表现出更高的创造性（Amabile，1998）。技能人才内生动机对其创造力起着重要的作用，内生动机是员工创造力的来源（Tierney，1996）。此时，技能人才甚至会自发寻找不同的工作路径，并乐于承担这种风险。工作本身能够诱发技能人才的斗志、吸引其注意力，当工作本身的价值被认知到时技能人才就会能激发出内生动机并将其转变成更高程度的付出，促进创新素质的提升和形成（Deci，1989；Amabile，1994）。

内生动机对技能人才创新基础素质的构建具有直接的正向影响。Stenberg 和 Lubart（1996）通过研究发现内生动机对创意和创新的影响很大。技能人才的内生动机一旦被触动，创造性活动才会被其所有的注意力真正聚焦，进而从创造性活动中获得乐趣。此外，Csikszentimihalyi（1990）指出个体在内生动机的激励下处于一种顺畅的境界状态，在这种状态下个体会忘我投入工作之中。技能人才沉浸于工作之中并享受其中乐趣，这种体验对激发其内在的创新素质作用非凡。Simon（1967）认为，能够控制个体的注意力是内生动机最基本的功能。内生动机促使技能人才将注意力按照自己的意愿更多地投入创造性工作的过程中（Shally，Gilson & Blum，2000），并影响技能人才在这些过程中的持续程度（George & Zhou，2007），进而影响技能人才的创新素质。受内生动机激励的技能人才通常感觉能力足够而去主动接受挑战性工作，并自发地认为这种工作是一种享受，最终表现出更多的创新素质。

内生动机对技能人才创新实践素质的实施具有直接的正向影响。能力和自主的感知是内生动机的重要影响因素。内生动机更强的技能人才在面对挑战过程中表现得更为积极，更倾向于用新颖的方法解决问题（Zhou & Shalley，2008）。Selart（2008）的研究认为，内生动机能够积极预测员工的创新能力。如果技能人才有强烈的内生动机，会表现出与目标相一致的行为，积极进取，充分发掘其创新素质。因为能够提高员工内在的创新素质，所以正面反馈及挑战性工作是内在的两种激励因素，正面反馈及挑战性工作是通过安排员工到关键岗位负责去攻克难关的方式来提高员工的自主权（Gagne，2005）。工作实际中技能人才在内生动机的驱动下能够理性面对困难、科学分析困难、坚持克服困难。在此过程中，信息收集、知识积聚、资源整合的行为和训练又会反过来促进技能人才创新素质的提升。

内生动机对技能人才创新指引素质的产生具有直接的正向影响。内生动机驱动技能人才对工作有着浓厚的兴趣和好奇心，让他们从事挑战性工作而获得快乐或是追求工作带来成就感。认知上，技能人才因受内生动机的驱动而更加智慧圆融，在设计解决问题的方案时更加灵活变通。Utman（1997）和 Zhou（2003）认为，强烈的内生动机使员工在面临困难时更加积极、好奇心被激发、愿意尝试新鲜事物等一系列心理动向。内生动机反映了技能人才在从事创造性相关活动时提出创新想法的意愿。一般认为，内生动机越强的个体，越愿意投入探索问题与产生创意的过程中。在好奇心和兴趣的驱使下，技能人才最终确定方案无论是在解决问题的哪个阶段都更愿意去进行各种创新尝试（Runco & Nemiro，2011）。在此过程中他们表现出愿意付出代价、勇于承担风险、主动学习成长的自主性和主动性，这对员工创造力的产生有着积极的影响（李伟和梅继霞，2013）。

根据以上论述，本书提出以下假设：

H4 - 2b：技能人才内生动机对其创新素质具有显著的正向影响。

3. 技能人才内生动机在变革型领导对技能人才创新素质影响的中介作用

即使技能人才经验丰富、技艺精湛，但如果其内生动机水平不高则也无法有效提高组织的绩效，这些现象引起了学术界对内生动机研究的普遍关注。Stenberg（1991）的创造力投资理论指出，动机是创造力形成所需要的重要资源，领导行为会对员工创造力水平和员工创新素质产生影响。领导行为在内生动机的中介作用下对员工创造力水平和创新素质产生影响（Shalley，Gilson & Blum，2009）。Shin 和 Zhou（2003）通过实证分析发现变革型领导通过内生动机的中介作用影响员工的创造性，我国学者郭桂梅和段兴民（2008）也验证了该观点。

技能人才创新素质包括创新基础、创新实践和创新指引三个方面。在创新基础素质中，技能人才如果感受到变革型领导的支持力度大就会重新定位自身，做出倾向于同上级维持和谐关系的选择。内生动机是员工自然选择新事物和挑战以及学习、发展和成长的基础，与创造力和活力相关（Rego，2012）。Shalley（2009）等发现，员工个体在内生动机的驱动下会主动寻求完成具有新挑战和新目标的工作来获得乐趣和成就感。工作乐趣和成就感的获得会持续增强员工对工作本身的好奇心，反过来推动员工进一步乐意接受挑战性更大的工作（Burton，2006）。这些都可以使技能人才创新素质得到激发。变革型领导会采纳、推广技能人才的创新想法，赋予技能人才更大的自主权去完成工作，对他们的努力表示肯定。在这个过程中给予员工支持，及时进行沟通和反馈，让员工感知到自己的付出得到相应的回报，此时技能人才的自主需求和胜任需求都得到了很大的满足，自然会激发较高的内生动机（屠兴勇，2017）。

在创新实践素质中，变革型领导会在技能人才遇到困难时提供一定的帮助（Lin，2007），有助于技能人才更方便地获取相关信息。变革型领导作为一种总体性的关怀，着重建立员工对上级的忠诚与信任来维持和促进上级同技能人才的合作。技能人才会将这种合作视为一种资源，因此也会更加关注同上级维持和谐的关系。技能人才将收集的信息与现有的想法进行较为深入的对比分析（Kakkavan & Katrinli，2014），当具有较强内生动机的技能人才投入创造性过程中时，如果其同时受到变革型领导的支持，技能人才创新素质的发挥会更高。当工作环境中的领导者是开放的、民众的和包容的，则会使技能人才因态度、信念及价值观的改变而激发出创新潜能，并由此使他们内生动机得以驱动（仲为国，2016）。内生动机一旦驱动就会推动技能人才去主动模仿学习、积极和领导沟通创新想法，提高工作主动性及创新参与度，进而促进组织的发展。

在创新指引素质中，技能人才需要借助多样信息且花费时间筛选这些信息来产生创意及新想法（Noer，Leupold & Valle，2007）。在变革型领导的指导下，技能人才能得到更高程度的工作自主性，倾向于更多地从上级那获得信息，对工作会更主动、热情和好奇，个体的内生动机也因此而得以提升。Gutnick 等（2012）实证指出，高内生动机的员工对风险拥有更高的容忍度，在高度内生动机的影响下，即使所从事工作是枯燥的，员工也会自觉地产生灵活性和高度能动性去迎接复杂的环境和挑战。变革型领导能真心关怀、鼓励和信任下属，引导下属用创新思维方式来解决工作中的问题，并让下属对工作的建议和看法能自由地表达（Yuan，2010）。这使技能人才被工作的本身吸引而积极投入，而不是因为受迫于外在因素被动劳动。变革型领导深明这个道理，通过个性化关怀使技能人才不断感受到工作的乐趣而以更大的热情投入创新性工作中

（Grant & Berry，2011）。

根据以上论述，本书提出以下假设：

H4－2：技能人才工作内生动机在变革型领导影响技能人才创新素质过程中起中介作用。

（三）组织创新战略的作用

企业战略规定了企业目标，创新战略实施的有效性取决于其内容选择和过程特征两个方面，优秀的战略举措如何在组织中有效传递并被个体感知和认可，对于改善个体行为与表现十分重要（Anderson，Potocnik & Zhou，2014）。因此，可以根据动机理论探讨变革型领导如何激发技能人才在工作中的内生动机，当技能人才感知到来自组织的支持和帮助时，会增加对组织的情感依附和认同，从而积极影响其创新素质的激发。通过对以往的学者们的研究进行总结，发现内生动机既可以受到情景因素的塑造和影响，同时这一变量又是类特征变量。变革型领导对技能人才内生动机的影响中，受到组织创新战略的调节，对技能人才创新素质有较大作用影响。

组织创新战略越强，变革型领导越具有责任感，越愿意夯实技能人才创新基础素质。技能人才创新素质的发挥，是一个需要组织破除僵化、消除顽疾的自我革新过程（Senge，1990）。创新刚起步时，创新战略由于形势不明朗对于企业整体利益而言会有风险，中层管理人员之间会产生猜忌和离散而导致内部矛盾深化（Henry，2001）。因此，需要变革型领导积极干预，企业采用创新战略并对战略进行引导，通过创造令人鼓舞的愿景、鼓励保持好奇心和不断质疑，激发技能人才内生动机，进行创造性思考，但这种思考并不必然激发技能人才的创新素质。同时，领导者需要对某个具体想法和项目的实施寻求来自整体及更广泛的组织范围的支持，使基于新思想形成的项目能够推广。领导者的这些行为是确保获得开展创新工作所需要资源的重要方式，因此其作用极为关键。因为需要在更加广泛的组织战略背景下来考虑新思想，所以领导者在新思想的推广中扮演着一个说服者的角色（Hitt，1996）。企业创新战略的广泛认同实施还需要组织来创造有利条件，通过企业创新战略的愿景来预见成功给企业带来的美好未来。

此时，技能人才会认识到创新对企业的战略意义从而产生创新意识，进而引导其自觉落实职业操守、基础品质等创新素质基础的相关活动。

组织创新战略越强，变革型领导越倾向于新知识、新技术发展，对技能人才创新实践素质的作用越明显。组织创新战略决定了各部门分享资源和交换信息的程度，因此，创新战略对不同领导风格的工作效率有不同影响。在组织创新战略的影响下，变革型领导积极鼓励下属新知识的创造，更强调新知识、新技术发展。支持创新工作的适当方式是对资源进行管理（Nohari & Gullati，1996），同时要设计好项目开发周期管理中必要的相应的时间表和任务进度安排，这利于做好协调其他部门的工作。生产实际中，需要制订周密计划来限制或消除因创新活动本身存在的不确定性而带来的时间变数。Barnowe（1975）发现，过多的控制和限制会压抑技能人才创新素质的发挥。因此，领导者在做规划时要聚焦于项目进展、类型及结果，而不能只专注于执行某一项具体的工作（Gardinal & Hatfield，2000）。规划技术在创新活动的有效领导中被大量需要，项目的架构、进程、目标以及给予适当的自由是领导者规划活动的重点。个体感受到组织支持对个人工作绩效有显著影响（George & Brief，1992），技能人才创新源于实践，因此，对技能人才内生动机有更高的要求，需要通过有效的内生动机激发过程创造更多的技能人才创新素质实践的积累。由于技能人才普遍缺乏探索创新的经验，在变革型领导的带领下，能充分发掘技能人才内生动机以加强内部创新实践交流和合作。创新战略紧密联系组织结构、流程、路径设计和非正式化联系，更有利于提升技能人才创新实践素质。

组织创新战略指引着技能人才发展的方向和创新素质的积累，组织创新战略越强就越能够促进技能人才的内生动机。组织创新战略能有效增加创新活动的推力、减少创新活动的阻力，指导着领导者制订科学的创新活动计划。Hitt（1996）研究发现，支持新产品推出最大可能性的是实施战略控制策略的公司，实施财务控制或盈亏控制策略支持的公司则可能性不大。组织和部门高层更愿意支持参与组织创新战略的领导者。社会交互理论认为，组织和个体之间的关系，不仅是一方面对另一方面的要求，而是双向互动的关系。当个体受到组织激励时，在工作中就会表现出积极的一面（Eisenberger，Armeli & Rexwinkel，2001）。企业战略对领导风格产生了影响，变革型领导在组织创新战略的引导下带来了资源和信息异质化、多样化的优势。变革型领导强调对新信息、新知识的搜寻和探索的同时特别鼓励探索式学习（陈维政，2004）。变革型领导在创新战略较强前瞻性的促进下给予技能人才个性化的关怀，鼓励技能人才冒险和尝试，激发员工的创造性内生动机，这能够引导企业技能人才主动创新思考和创新行为，强化创造精神和创新品质，全面激发创新素质。

根据以上论述，本书提出以下假设：

H4－3：组织创新战略正向调节技能人才内生动机对变革型领导和技能人才创新素质之间关系的中介作用。即，在较强的组织创新战略下，变革型领导通过技能人才内生动机对其创新素质产生的正向影响会增强。

第二节　问卷设计与数据收集

一、问卷设计

（一）问卷设计思路

本书采用问卷调查的方式来获取实证分析的样本，先要进行调查问卷的设计。本书中涉及四个关键变量，其中技能人才创新素质量表前面在文献分析和实地访谈的基础上采用质性研究的方法，以对技能人才创新素质内容结构维度进行构建，并采用科学量化分析验证了其是一个科学的量表。对于其他变革型领导、技能人才内生动机和组织创新战略三个变量，本书主要在国外权威量表的基础上结合中国情景进行修改的方式来编制量表。

为了确保调查问卷的质量，本书综合借鉴 Churchil（1979）、Hinkin（1995）和 Farh（2006）等学者的观点，基于前人对各个变量不同的测量方法将技能人才的特点和本书的需要结合起来（Aryee & Chen，2006）。问卷设计通过以下步骤完成：第一，大量研读国内外相关文献。借鉴变革型领导、内在动机和组织创新战略等理论有关的实证研究，重点参考权威研究的理论构思和被广泛引用的量表和题项，同时结合本书组织创新战略、内生动机和变革型领导如何影响创新素质的分析视角，设计具体的测量项并形成调查问卷的初稿。第二，在广泛征求专家意见的基础上修改调整问卷。选取来自北汽集团、三一重工等企业具有多年技能人才管理领域10位实践专家对变革型领导、技能人才内生动机和组织创新战略核心概念测量题项进行完善，形成问卷的修改稿。选取10位人才学、人力资源管理、心理学领域的高校知名学者，对题项的语言表达、题项设置以及排列顺序等进行调整，进一步完善了修改稿。第三，在向技能人才征询修改意见的基础上修改定稿。考虑到个别学术表达范式的语句可能难以被参与调研的技能人才准确理解，在征询了专家意见后，又在小范围内将初始量表发放给了30名技能人才，向其征询意见。对各题项根据技能人才反馈的意见做再一次修改后形成了调查问卷的终稿。

（二）变量设置与测量

根据研究的需要，本问卷第一部分为个人的基本信息，第二部分是研究变量的具体题项，囊括了创新素质、变革型领导、内在动机和组织创新战略测量量表。量表题项采用李克特五点计量方法，1～5分分别表示非常不符合、比较不符合、不确定、比较符合、非常符合，根据被调查者的打分对变量进行测量。

1. 变革型领导测量题项

变革型领导选用Bass和Avolio（1990）开发了领导魅力、领导感召力、智力激发和个性化关怀的变革型领导四维度结构模型，并编制了包含16个题项的量表（MLQ）。这一量表已经较为成熟，其较高的信度和效度也得到了学者们的广泛认同。因此本书问卷采用MLQ量表，翻译时结合技能人才的特点和中国文化情景进行了适当修改（见表4－1）。

表 4-1 变革型领导测量题项

维度	题号	题项
领导魅力	LDM1	我的上级向我们介绍他/她最重要的价值观和信仰
	LDM2	我的上级在工作中遵从道德标准
	LDM3	我的上级强调集体使命感的重要性
	LDM4	我的上级在工作中以任务为导向
领导感召力	LDG1	我的上级表达了他/她对我们将实现目标的信心
	LDG2	我的上级阐述了一个令人信服的未来愿景
	LDG3	我的上级乐观地谈论未来
	LDG4	我的上级热心地谈论需要完成的事情
智力激发	ZLJ1	我的上级在解决问题时寻求不同的观点
	ZLJ2	我的上级会重新审视关键假设和任务
	ZLJ3	我的上级让我从很多不同的角度来看待这项任务
	ZLJ4	我的上级提出了新的工作方式
个性化关怀	GXG1	我的上级花时间教导和指导我
	GXG2	我的上级帮助团队成员发展自己的优势
	GXG3	我的上级把我当作个人而不是小组成员
	GXG4	我的上级认为我有不同的需求

2. 创新素质测量题项

根据技能人才创新素质量表开发研究结论，技能人才创新素质包括创新基础、创新实践和创新指引三个方面，从职业操守、基础品质、人际交往、问题处理、生产实践、精神感知和人格特质七个维度，踏实肯干、解决问题能力、开拓精神等 29 个题项。经过前面的研究，该量表具有较好的内容和结构效度，是一个可靠的测量工具（见表 4-2）。

表 4-2 创新素质测量题项

维度	题号	题项
职业操守	ZYC1	我服从组织安排
	ZYC2	我能自觉完成工作任务
	ZYC3	我热爱自己的工作岗位，全身心投入工作
	ZYC4	我能够在生产中以服务他人为导向
	ZYC5	我有强烈的责任感，尽职尽责做好本职工作

续表

维度	题号	题项
基础品质	JCP1	我不怕苦不怕累，我愿意实实在在做好自己的事
	JCP2	我对待工作一丝不苟，从不马虎
	JCP3	为了工作，我愿意经常付出额外的努力
	JCP4	我注重实效，花更多时间致力于实在的或具体的事情
人际交往	RJJ1	我善于利用机会适时宣传和推广自己的创新成果
	RJJ2	在交往中，我能准确表达自己的想法和意图
	RJJ3	我能设法获得创新活动开展所需的资源
问题处理	WTC1	我善于分析不同事物间的基本联系和差异
	WTC2	我观察事物细致入微
	WTC3	我能把握事物的本质特征和内部联系
生产实践	SCS1	我会操作和使用生产工具、设备
	SCS2	我会安装生产工具、设备
	SCS3	我会调整作业方式、参数或流程以适应生产要求和环境变化
	SCS4	我能使用、维护和保养生产设备，并使之保持良好工作状态
	SCS5	我常常能解决实际生产中出现的问题
	SCS6	对于现场技术难题、非正常突发事件或故障我能灵活处理
	SCS7	我能对操作过程中出现的紧急情况做出准确判断
精神感知	JSG1	在工作中，我总是尝试寻找新的可行方法解决问题
	JSG2	我能够沿着不同的方向思考问题
	JSG3	在工作中，我会依据经验，用科学的方法反复试验寻找最优方案
	JSG4	在工作中，我会深入钻研并反复试制以探求规律
人格特质	RGT1	我意志坚定地在创新道路上不断摸索
	RGT2	我总是在探寻新知识、尝试新方法
	RGT3	对于创新，我充满自信

3. 内生动机测量题项

Amabile 等（1985）编制了含有 5 个题项的内在动机单维度量表，该量表在研究中已经被证实具有良好的信效度，具有很强的代表性。以 Amabile 的量表为基础，整合 Tierney，Farmer 和 Graen（1999）的量表思想，形成了本书的内生动机测量题项（见表 4－3）。

表 4-3　　内生动机测量题项

维度	题号	题项
内生动机	NSD1	我喜欢做出对结果有利的新想法
	NSD2	我喜欢寻找解决难题的方法
	NSD3	我愿意为了完成工作任务寻找新方法
	NSD4	我喜欢进行分析和思考
	NSD5	我愿意改造现有的工作流程和产品

4. 组织创新战略测量题项

在众多的划分类型中，创新战略分为探索式和利用式两种类型并在国内外研究者中得到一致认可，本书也采用这种类型划分。本书整合 Jansen（2006）等、He 和 Wong（2004）以及 Atuahene 和 Murray（2007）的思想，从中挑选出普遍适合国内企业情况的题项（见表 4-4）。

表 4-4　　组织创新战略测量题项

维度	题号	题项
探索式创新	TSC1	公司倾向于使用尚不成熟的新技术和技能
	TSC2	公司非常乐意在一些新的领域进行技术开发上的尝试
	TSC3	公司不会因研发失败而降低对新技术和新工艺的开发投入
利用式创新	LYC1	公司更乐意为了适应市场需要对已有技术和技能进行改良
	LYC2	公司总是致力提高已有技术和技能在市场上的适用性
	LYC3	公司常利用已有技术和技能来增加产品和服务的功能及种类
	LYC4	公司倾向于以合作方式学习利用其他企业技术、工艺和管理

5. 控制变量

员工个体变量如年龄、性别、受教育程度会对本书涉及的四个关键变量产生影响（Gardner，1993）。据此，本书同样选择了将性别、年龄、受教育程度等技能人才的个体信息作为控制变量。由于技能人才工作时间的长短决定了工作经验的积累情况，职称和工作年限也会对技能人才创新素质产生影响，但由于年龄和工龄在某种程度上具有较大相关性，因此，仅把技能人才创新素质受影响的职称作为控制变量加入分析，工作年限作为补充开展描述性统计，以更全面地了解技能人才。在对性别的测度方面，分为男性和女性两类；对年龄的测度方面，分为了25岁及以下、26~35岁、36~45岁、46~55岁以及56岁及以上几个年龄层次；在对受教育程度的测度方面，分为高中及以下、中专、大专、本科及以上几个学历层次；在对职称的测度方面，分为初级工、中级工、高级工、技师、高级技师几个等级层次。

二、量表的预测试

（一）样本的来源与分析

本书除了技能人才创新素质量表外的其他三个量表均来自已有的成熟量表。在正式调查之前进行了一次小样本预测试，以便进一步提高问卷的可靠性和有效性，减少正式大样本测试的风险和误差。小样本预测试对象为“中华技能大奖”获奖者。本书采取直接联系和间接联系相结合的方式，从近五年“中华技能大奖”获奖者中抽选调查对象，共发放问卷200份，回收问卷185份，其中有效问卷178份，有效问卷回收率为89%。

在这些员工之中，男性员工有153人，占比为85.96%，女性员工有25人，占比为14.04%；25岁及以下有3人，占比为1.69%，26~35岁有23人，占比为12.92%，36~45岁有68人，占比为38.20%，46~55岁有56人，占比为31.46%，56岁及以上有28人，占比为15.73%；高中及以下有32人，占比为17.98%，中专有73人，占比为41.01%，大专有61人，占比为34.27%，本科及以上有12人，占比为6.74%；高级工有7人，占比为3.93%，技师有103人，占比为57.87%，高级技师有68人，占比为38.20%；工作年限5年及以下有2人，占比为1.12%，6~10年有24人，占比为13.48%，11~15年有30人，占比为16.85%，16~20年有23人，占比为12.92%，21~25年有27人，占比为15.17%，26~30年有38人，占比为21.35%，31年及以上有34人，占比为19.11%。

（二）量表的信效度测试

在量表的信度分析过程中，本书采用题总相关系数（Corrected Ttem

Total Correction，CTTC）来净化量表测量项目，采用 Cronbach's α 系数检验变量的信度。如表 4 -5 所示，利用 SPSS 23.0 进行量表的信度分析，观察 CITC 小于 0.4 的题项，发现 CITC 小于 0.4 题项的包括变革型领导量表中的 LDM1、LDM3、LDM4、LDG4、ZLJ4、GXG3 和内生动机量表中的 NSD3 以及组织创新战略量表中的 TSC1、LYC4 共计 9 个题项。进一步逐一删除题项并检验各量表题项并观察余下各题项的 Cronbach's α 系数变化情况，删除该题项后是否会引致 Cronbach's α 系数上升，变革型领导量表 LDG4、GXG3 和内生动机量表 NSD3 以及组织创新战略量表 LYC4 四个题项（卢纹岱，2002）。变革型领导、内生动机和组织创新战略量表的 Cronbach's α 系数分别为 0.834、0.711 和 0.730，均大于 0.60（Guieford，1965），即变革型领导、内生动机和组织创新战略量表及其各维度均达到较高的信度水平。

表 4 -5　　量表的信度分析

变量	维度	题项	初始 CITC 系数	删除该题项 Cronbach's α 系数	Cronbach's α 系数
变革型领导	领导魅力	LDM1	0.267	0.834	0.834
		LDM2	0.481	0.823	
		LDM3	0.380	0.828	
		LDM4	0.272	0.833	
	领导感召力	LDG1	0.586	0.816	
		LDG2	0.534	0.819	
		LDG3	0.529	0.820	
		LDG4	0.090	0.840	
	智力激发	ZLJ1	0.593	0.815	
		ZLJ2	0.542	0.819	
		ZLJ3	0.631	0.812	
		ZLJ4	0.353	0.829	
	个性化关怀	GXG1	0.462	0.824	
		GXG2	0.649	0.810	
		GXG3	0.204	0.839	
		GXG4	0.497	0.821	

续表

变量	维度	题项	初始 CITC 系数	删除该题项 Cronbach's α 系数	Cronbach's α 系数
内生动机		NSD1	0.509	0.647	0.711
		NSD2	0.562	0.627	
		NSD3	0.299	0.728	
		NSD4	0.543	0.642	
		NSD5	0.469	0.664	
组织创新战略	探索式创新	TSC1	0.391	0.730	0.730
		TSC2	0.469	0.694	
		TSC3	0.629	0.657	
	利用式创新	LYC1	0.456	0.699	
		LYC2	0.615	0.654	
		LYC3	0.622	0.654	
		LYC4	0.010	0.777	

运用 SPSS 27.0 对删除题项后的量表进行信度检验，变革型领导、内生动机和组织创新战略量表的 Cronbach's α 系数分别上升为 0.848、0.729 和 0.763，即变革型领导、内生动机和组织创新战略量表达到更高的信度水平。进一步进行 KMO 值测度，运用 SPSS 27.0 对量表进行 KMO 值测度、Bartlett 球形检验以及探索性因子分析，结果如表 4－6 所示，变革型领导、内生动机和组织创新战略量表的 KMO 值分别为 0.807、0.623 和 0.672，均大于 0.60（马国庆，2002），且 Bartlett 球形检验的结果均小于 0.01 的显著性水平。同时，在探索性因子分析中，各题项在其相应的公因子上的因子载荷也均大于 0.4（Nunnally，1994）。因此，本书所使用的变革型领导、内生动机和组织创新战略量表的效度也达到较好的水平。

表4-6　　量表的信度和效度分析

变量	维度	题项	Cronbach's α系数	因子载荷	KMO值	Bartlett球形检验		
						近似卡方	自由度	显著性
变革型领导	领导魅力	LDM1	0.848	0.696	0.807	843.155	91	0.000
		LDM2		0.581				
		LDM3		0.614				
		LDM4		0.708				
	领导感召力	LDG1		0.698				
		LDG2		0.659				
		LDG3		0.697				
	智力激发	ZLJ1		0.717				
		ZLJ2		0.650				
		ZLJ3		0.763				
		ZLJ4		0.730				
	个性化关怀	GXG1		0.523				
		GXG2		0.749				
		GXG4		0.482				
内生动机		NSD1	0.729	0.762	0.623	199.057	6	0.000
		NSD2		0.767				
		NSD4		0.706				
		NSD5		0.747				
组织创新战略	探索式创新	TSC1	0.763	0.663	0.672	350.505	15	0.000
		TSC2		0.649				
		TSC3		0.766				
	利用式创新	LYC1		0.708				
		LYC2		0.767				
		LYC3		0.747				

三、数据收集及研究方法

（一）样本及被调查对象选择

本书的问题是技能人才创新素质诱导机制，欲证明变革型领导在对技能人才创新素质的影响过程中，技能人才内生动机和组织创新战略分别起到了重要的中介作用和调节作用。技能人才创新素质为组织在高度竞争和变化环境中持续进行生产和实现发展提供保障。创新贯穿于组织内部各层级、各环节。因此，在样本的选择上尽可能扩大覆盖面，以验证本书所提出理论模型的适用性及普遍意义。

大规模问卷调查采取实地发放的形式完成。问卷的发放单位选取以中华技能大赛评选结果中技能人才培养突出贡献单位中的企业为标准进行样本企业的筛选，这些企业重视技能人才的培养和使用，具有一支高素质的技能人才队伍，能为问卷的发放提供丰富的样本资源。从中随机抽取企业，通过与企业负责人联系，有 194 家企业愿意协助笔者开展大规模问卷调查。在与企业负责人沟通后，请企业负责人协助选择在一线工作并符合以下条件之一的技能人才实施问卷发放：（1）有新发明和新创造；（2）改进了工艺流程或提升了劳动效率；（3）改善了产品质量或强化了企业安全生产。

（二）问卷发放及收集

本次问卷调查时间为 2023 年 1 月初到 4 月底，历时四个月。由调研人员联系各企业人力资源部门负责人，将问卷发送给他们并说明调研的程序和目的，由他们选择企业内具有较强创新素质的技能人才进行问卷发放。问卷形式以电子版居多。问卷回收后，由调研人员进行问卷的检查和数据整理。此次共回收问卷 700 份，对回收的问卷按照如下标准进行筛选（林枫，2011）：（1）大幅遗漏数据的问卷；（2）前后填写矛盾的问卷；（3）回答呈规律分布的问卷。对回收的问卷进行初步检查，剔除无效问卷 95 份，获得有效样本 605 份，问卷有效回收率为 86.43%。

从回收的有效问卷来看，如表4－7所示，本书调研的企业涵盖了我国目前企业所有的所有制、规模类型，以民营企业为主，占43.81%；主要是中型企业，100~1000人规模企业占55.16%；以成立年限11~20年为主体组成占40.21%。覆盖北京、上海、天津、浙江、江苏、湖南、湖北、江西、广东、广西等18个省区市，其中北京、上海、浙江、湖南、广东五省市有效样本数量最多，分别占总数的18.04%、17.01%、11.86%、15.46%和10.82%。这反映了这些省市经济较为发达，技能人才数量相对较多。覆盖的行业包括制造、建筑、交通运输、采矿、电力等多个行业，其中制造业、建筑业有效样本数量最多，分别占总数的25.26%和22.68%。这两个行业也主要汇聚了我国绝大多数技能人才，反映了当前我国技能人才的分布情况。总体来看，企业样本涵盖面较广，不同性质、规模、年龄、行业、省份都有涉及，以民营、中等规模企业为主，较为聚集在北京、上海、浙江、湖南、广东五省市和制造、建筑行业，符合我国目前技能人才分布特点。

表4－7　样本企业特征（N＝194）

名称	类别	数量	百分比（%）
企业性质	国有企业（含国有控股）	71	36.60
	集体企业（含集体控股）	22	11.34
	民营企业（含民营控股）	85	43.81
	外资企业（含外资控股）	16	8.25
企业规模	100人及以下	18	9.28
	101~500人	49	25.26
	501~1000人	58	29.90
	1001人以上	69	35.57
成立年限	5年及以下	27	13.92
	6~10年	39	20.10
	11~20年	78	40.21
	21年以上	50	25.77

续表

名称	类别	数量	百分比（%）
所属行业	采矿业	31	15.98
	制造业	49	25.26
	电力、热力、燃气及水生产和供应业	27	13.92
	建筑业	44	22.68
	交通、仓储和邮政	26	13.41
	信息传输、软件和信息技术服务	26	13.41
	科研和技术服务	10	5.15
	其他	11	5.67
样本区域	北京	35	18.04
	上海	33	17.01
	天津	3	1.55
	重庆	5	2.58
	浙江	23	11.86
	江苏	10	5.15
	湖南	30	15.46
	湖北	5	2.58
	江西	3	1.55
	广东	21	10.82
	广西	2	1.03
	新疆	4	2.06
	内蒙古	2	1.03
	山东	3	1.55
	山西	6	3.09
	四川	5	2.58
	贵州	2	1.03
	云南	2	1.03

从回收的有效问卷来看，如表 4－8 所示，本书调研个体以男性为主体，男性所占比例为 75.70%；在年龄分布上，35 岁以下占据了绝大部分，其中 25 岁及以下所占比例为 34.05%，26～35 岁所占比例为 30.58%；在学历方面，技能人才整体学历水平不是很高，其中高中及以下所占比例为

29.92%，中专所占比例为32.07%，大专所占比例为26.94%，本科及以上所占比例仅为11.07%；在职称分布上，以初级工和中级工为主体，其中初级工所占比例为35.04%，中级工所占比例为26.45%；调研对象绝大多数处于青壮年，其中工作年限5年及以下所占比例为20.50%，6~10年所占比例为28.10%，11~15年所占比例为22.98%，31年及以上所占比例仅为2.47%。样本对象的特征反映了我国目前技能人才以男性为主、年纪轻、学历层次不高、工作年限较短的总体现状，样本人员特征分布较为合理。

表4-8　　样本人员特征（N=605）

名称	类别	数量	百分比（%）
性别	男	458	75.70
	女	147	24.30
年龄	25岁及以下	206	34.05
	26~35岁	185	30.58
	36~45岁	91	15.04
	46~55岁	82	13.55
	56岁及以上	41	6.78
学历	高中及以下	181	29.92
	中专	194	32.07
	大专	163	26.94
	本科及以上	67	11.07
职称	初级工	212	35.04
	中级工	160	26.45
	高级工	108	17.85
	技师	83	13.72
	高级技师	42	6.94
工龄	5年及以下	124	20.50
	6~10年	170	28.10
	11~15年	139	22.98
	16~20年	90	14.88
	21~25年	44	7.27
	26~30年	23	3.80
	31年及以上	15	2.47

（三）数据分析方法

本书主要采用 SPSS 27.0 和 MPLUS 8.1 对样本数据的分布以及相关研究假设的检验进行数据统计分析。首先，采用 SPSS 23.0 对本书所设计的变量进行结构效度的探索性因子分析与内部一致性信度系数检验，进一步利用 MPLUS 8.1 通过验证性因子分析对本书涉及的关键变量变革型领导、技能人才创新素质、技能人才内生动机、组织创新战略进行信度与效度检验，同时分析是否存在严重的同源偏差。其次，利用 SPSS 27.0 对控制变量以及四个关键变量进行描述性统计与相关性分析，为假设的检验提供基础。最后，利用 MPLUS 8.1 和 SPSS 27.0 逐步对本书的理论假设进行实证分析，其中，技能人才内生动机在变革型领导影响技能人才创新素质过程中的中介作用通过 MPLUS 8.1 进行验证，组织创新战略在技能人才内生动机与变革型领导和技能人才创新素质之间的调节作用通过 SPSS 27.0 进行检验。

第三节　数据处理与结果分析

一、信度与效度检验

（一）信度分析

变量的信度本书采用组成信度（Composite Reliability，CR）的计算值来进行检验。学者们一般认为 CR 的阈值应为 0.7，说明变量具有较高的内部一致性（Jareskog & Sorbom，1989），也有一些学者认为信度要 0.6 以上（Bagozzi & Yi，1988），还有部分学者建议组成信度系数 CR 在 0.5 以上都可以接受（Raines，2000），系数低于 0.5 则说明信度较差（Wodak，2000）。本书采用 0.6 作为判定标准，系数越高，则信度越高。

其中，领导魅力中的题项 LDM3 因子载荷为 0.236，低于 0.4 的标准值，予以删除（见表4－9）。

表4－9　　变革型领导量表信度检验结果

维度	题项	Estimate	S. E.	Est. /S. E.	P－Value
领导魅力	LDM1	0. 559	0. 039	14. 465	0. 000
	LDM2	0. 578	0. 038	15. 212	0. 000
	LDM3	0. 236	0. 047	4. 970	0. 000
	LDM4	0. 594	0. 038	15. 790	0. 000
领导感召力	LDG1	0. 743	0. 026	28. 715	0. 000
	LDG2	0. 790	0. 024	32. 531	0. 000
	LDG3	0. 695	0. 029	24. 150	0. 000
智力激发	ZLJ1	0. 737	0. 024	30. 566	0. 000
	ZLJ2	0. 715	0. 025	28. 243	0. 000
	ZLJ3	0. 811	0. 020	39. 561	0. 000
	ZLJ4	0. 530	0. 035	15. 308	0. 000
个性化关怀	GXG1	0. 638	0. 031	20. 311	0. 000
	GXG2	0. 815	0. 025	32. 138	0. 000
	GXG4	0. 539	0. 035	15. 224	0. 000

如表4－10所示，经删除后变革型领导量表剩余13个变量的因子载荷在0. 551～0. 815范围内，同时在0. 001的水平上显著，符合要求，且变革型领导量表的组成信度CR为0. 9153，远大于0. 6，说明经调整后变革型领导量表具有很好的内部一致性。

表4－10　　调整后变革型领导量表信度检验结果

维度	题项	Estimate	S. E.	Est. /S. E.	P－Value	CR
领导魅力	LDM1	0. 560	0. 040	13. 880	0. 000	0. 9153
	LDM2	0. 551	0. 040	13. 874	0. 000	
	LDM4	0. 586	0. 039	15. 142	0. 000	
领导感召力	LDG1	0. 742	0. 026	28. 599	0. 000	
	LDG2	0. 789	0. 024	32. 412	0. 000	
	LDG3	0. 696	0. 029	24. 202	0. 000	

续表

维度	题项	Estimate	S. E.	Est. /S. E.	P – Value	CR
智力激发	ZLJ1	0. 738	0. 024	30. 674	0. 000	0. 9153
	ZLJ2	0. 716	0. 025	28. 299	0. 000	
	ZLJ3	0. 810	0. 021	39. 425	0. 000	
	ZLJ4	0. 531	0. 035	15. 358	0. 000	
个性化关怀	GXG1	0. 639	0. 031	20. 304	0. 000	
	GXG2	0. 815	0. 025	32. 123	0. 000	
	GXG4	0. 538	0. 035	15. 178	0. 000	

如表 4 – 11 所示，技能人才内生动机量表 5 个题项的因子载荷在 0. 474 ~ 0. 910 范围内，同时在 0. 001 的水平上显著，符合要求，且技能人才内生动机量表的组成信度 CR 等于 0. 7592，大于 0. 6，这就说明了技能人才内生动机量表具有很好的内部一致性。

表 4 – 11　　　　技能人才内生动机信度检验结果

题项	Estimate	S. E.	Est. /S. E.	P – Value	CR
NSD1	0. 474	0. 039	12. 297	0. 000	0. 7592
NSD2	0. 602	0. 035	17. 076	0. 000	
NSD4	0. 910	0. 028	32. 476	0. 000	
NSD5	0. 636	0. 030	21. 221	0. 000	

其中，探索式创新中的题项 TSC3 因子载荷为 0. 139，低于 0. 4 的标准值，且在 0. 001 的水平上不显著，不符合要求，因此予以删除（见表 4 – 12）。

表 4 – 12　　　　组织创新战略信度检验结果

维度	题项	Estimate	S. E.	Est. /S. E.	P – Value
探索式创新	TSC1	0. 880	0. 065	13. 638	0. 000
	TSC2	0. 707	0. 055	12. 915	0. 000
	TSC3	0. 139	0. 047	2. 961	0. 003
利用式创新	LYC1	0. 472	0. 043	10. 999	0. 000
	LYC2	0. 683	0. 041	16. 519	0. 000
	LYC3	0. 750	0. 043	17. 627	0. 000

其中，探索式创新中的题项 TSC1、TSC2 因子载荷分别为 0.234 和 0.349，低于 0.4 的标准值，予以删除。此时，整个探索式创新维度都被删除，说明对于技能人才来说，他们觉得组织的利用式创新战略对他们创新素质激发更具有影响作用（见表 4－13）。

表 4－13　　调整后组织创新战略信度检验结果

维度	题项	Estimate	S. E.	Est. /S. E.	P－Value
探索式创新	TSC1	0.234	0.072	3.268	0.000
	TSC2	0.349	0.096	3.630	0.000
利用式创新	LYC1	0.507	0.043	11.850	0.000
	LYC2	0.687	0.038	18.155	0.000
	LYC3	0.722	0.038	18.828	0.000

如表 4－14 所示，由利用式创新构成的组织创新战略量表 3 个题项的因子载荷在 0.467～0.723 范围内，同时在 0.001 的水平上显著，符合要求，且组织利用式创新战略的组成信度 CR 等于 0.6749，大于 0.6。这就说明了组织利用式创新战略量表具有很好的内部一致性。

表 4－14　　组织利用式创新战略信度检验结果

题项	Estimate	S. E.	Est. /S. E.	P－Value	CR
LYC1	0.467	0.043	10.904	0.000	0.6749
LYC2	0.715	0.046	15.388	0.000	
LYC3	0.723	0.047	15.490	0.000	

（二）效度分析

1. 内容效度

本书所涉及的四个关键变量量表中，其中技能人才创新素质量表是本书开发的量表。该量表测量题项的形成采用了扎根理论，广泛参考国内外学者的研究、研读典型技能人才创新事迹相关材料并展开实地访谈，组织了由人力资源管理等领域的专任教师、多年技能人才管理经验的企业中层管理人员和一线作业技能人才组成的专家小组逐条对量表题项进行分析、甄别和补充。在形成初始量表后，又开展了预测试，剔除了影响量表信效的测项，并根据预测中的反馈情况对量表个别题项的语言表述进行进一步修改，形成最终量表。因此技能人才创新素质量表的内容效度能够得到保障。而另外的三个量表变革型领导、技能人才内生动机、组织创新战略的选取均来自国内外成熟的量表，且在以往很多研究都验证了这些量表具有较高的信效度。

2. 收敛效度

收敛效度主要是测量同一变量不同问题的有效性程度（Fornell & Lacker，1981）。常用的收敛效度检验方法主要是根据平均变异抽取量（Average Variance Extracted，AVE）的取值大小来判断观察变量的累积方差解释率是否超过误差方差（Carminnes & Zeller，1979）。在通常情况下，一般认为，当 AVE 值大于 0.5 时，变量具有较高的收敛效度（Fornell & Lacker，1981）。除此之外，也有学者认为 AVE 值在 0.3 ~ 0.5，是可以接受的（Bagozzi & Yi，1988）。根据以往学者的建议，本书认为 AVE 值处于 0.3 ~ 0.5 范围内可以接受，大于 0.5 说明收敛效度良好。

如表 4 – 15 所示，本书对三个关键变量进行了 AVE 值计算。变革型领导、技能人才内生动机、组织利用式创新战略 3 个变量的 AVE 值分别为 0.4596、0.4549 和 0.4173，介于 0.3 ~ 0.5，处于可接受范围内。总体而言，本书涉及的三个关键变量的收敛效度较好。

表 4 – 15　　收敛效度检验结果

变量	题项	Estimate	AVE
变革型领导	LDM1	0.560	0.4596
	LDM2	0.551	
	LDM4	0.586	
	LDG1	0.742	
	LDG2	0.789	
	LDG3	0.696	
	ZLJ1	0.738	
	ZLJ2	0.716	

续表

变量	题项	Estimate	AVE
变革型领导	ZLJ3	0. 810	0. 4596
	ZLJ4	0. 531	
	GXG1	0. 639	
	GXG2	0. 815	
	GXG4	0. 538	
技能人才内生动机	NSD1	0. 474	0. 4549
	NSD2	0. 602	
	NSD4	0. 910	
	NSD5	0. 636	
组织利用式创新战略	LYC1	0. 467	0. 4173
	LYC2	0. 715	
	LYC3	0. 723	

3. 区分效度

区分效度主要是指不同变量的测量表现出的差异化程度的大小（Simonni，1999）。区分效度测量通常采用比较每个变量的平均变异抽取量（AVE）的平方根与其和其他变量间的相关系数的大小来衡量，如果前者远大于后者，则说明不同变量之间具有较高的区分效度（Fornell & Larcker，1981）。

由表 4 - 16 可知，变革型领导、技能人才创新素质、技能人才内生动机、组织利用式创新战略 4 个变量 AVE 值的平方根（对角线括号数值）均明显大于其和其他变量间的相关系数，各阶因子中任何一个潜变量的 AVE 平方根都大于其潜变量的相关系数。这说明本书采取的 4 个变量之间存在足够的区分效度。

表4-16　区分效度检验结果

变量	区分效度			
	变革型领导	创新素质	内生动机	利用式创新
变革型领导	(0.6779)			
技能人才创新素质	0.464	(0.7553)		
技能人才内生动机	0.534	0.314	(0.6745)	
组织利用式创新战略	0.431	0.404	0.370	(0.6460)

注：对角线为AVE的平方根，下三角为变量间的相关系数。

二、同源偏差检验

同源偏差（Common Method Biases）指的是同样的数据来源、同样的测量环境等造成的人为的共变（周浩和龙立荣，2004），而这种人为的共变对研究结果会产生一种系统误差。本书采取的数据主要是问卷调查所得，尽管采用了匿名测量、分组测量等程序控制的方式尽量降低了同源偏差的影响，但仍有必要通过数据检验的方式对测量所得数据进行同源偏差的检验（Podsakoff，2003）。

本书采用Harman单因子检验法进行同源偏差的检验。具体做法是：利用主成分因子分析法，按照特征值大于1的标准，将所有变量同时整合纳入进行整体分析并检验未旋转的因子分析结果。如果只析出一个因子或某个因子的解释力达到或者超过了50%，则说明这些变量存在非常严重的同源偏差（Eby & Dobbins，1997）。本书按照上述方法运用SPSS 23.0进行主成分因子检验，样本共析出了4个共同因子，与本书变革型领导、技能人才创新素质、技能人才内生动机、组织创新战略4个量表总数保持一致，且第一个共同因子解释累积总方差的32.949%，小于50%。根据检验结果可知，本书采用的数据并不存在严重的同源偏差。

三、描述性统计与相关性分析

（一）描述性统计分析

为了进一步了解本书采用的变革型领导、技能人才创新素质、技能人才内生动机以及组织创新战略关键变量的分布情况及总体趋势，本书主要运用极小值、极大值、均值、标准值对这4个变量进行描述性统计分析，另外还采用峰度和偏度2个指标检验所测数据是否符合正态分布。后面的数据分析中，主要采用结构方程模型来进行理论模型的检验，而结构方程模型参数估计方法中最常用的是极大似然法，要求样本需要符合多变量正态分布。首先，观察每个量表的极小值和极大值，量表极小值为1.34～2.25、极大值为5.00。其次，考察每个量表的均值和标准差，量表的均值分布在3.9470～4.3047，说明没有测题产生“天花板效应”和“地板效应”，量表的标准差也都分布在0.44429～0.61940，分布较为均匀，没有特异现象出现。最后，分析每个量表的偏度和峰度，量表偏度绝对值在0.625～2.141，量表峰度绝对值在0.240～7.017，处于偏度绝对值小于3且峰度绝对值小于8的范围（邱皓政，2009），说明样本数据符合正态分布。结果如表4－17所示，各个量表的描述性统计数据符合预期，样本数据整体上呈正态分布趋势。

表4－17　　描述性统计分析结果

变量	统计量	最小值	最大值	均值	标准差	偏度	峰度
变革型领导	590	2.00	5.00	4.2463	0.52601	－1.123	1.447
技能人才创新素质	596	1.34	5.00	3.9470	0.44429	－2.141	7.017
技能人才内生动机	599	2.25	5.00	4.1225	0.56891	－0.625	－0.240
组织利用式创新战略	605	1.33	5.00	4.3047	0.61940	－1.581	3.466

（二）相关性分析

进一步对变量之间的相关性进行分析，初步检查变量两两之间的关联程度，为研究假设的检验奠定基础。本书利用SPSS 23.0统计软件，采用Pearson系数检验变量之间是否存在相关关系。在一般情况下，Pearson系数的绝对值越接近1，变量之间的相关性越强；Pearson系数的绝对值越接近于0，则相关性越弱。当Pearson系数为正时，变量之间是正相关关系；当Pearson系数为负时，变量之间是负相关关系。对正式调查获得的原始数据进行分析，得出的相关系数如表 4-18 所示。根据分析结果可知，变革型领导与技能人才创新素质之间显著正相关（r=0.456，P<0.01），由此 H4-1 得到初步支持；变革型领导与技能人才内生动机之间显著正相关（r=0.498，P<0.01），技能人才内生动机与技能人才创新素质之间显著正相关（r=0.442，P<0.01），由此 H4-2 得到初步支持；组织利用式创新战略与技能人才内生动机之间显著正相关（r=0.330，P<0.01）；组织利用式创新战略与技能人才创新素质之间显著正相关（r=0.333，P<0.01）。此外，分析结果表明，本书所引入的控制变量性别、年龄、学历、职称、工龄并没有对相应的研究变量产生显著性的影响，因此在后续的分析中将不再引入（王辉和常阳，2017）。

表 4-18　　相关性分析结果

变量	变革型领导	创新素质	内生动机	利用式战略	性别	年龄	学历	职称
变革型领导	—							
技能人才创新素质	0.456**	—						
技能人才内生动机	0.498**	0.442**	—					
组织利用式创新战略	0.545**	0.333**	0.330**	—				
性别	-0.116**	-0.096*	-0.110**	-0.147**	—			
年龄	-0.079	-0.045	0.005	-0.071	-0.083*	—		
学历	0.045	-0.022	-0.011	-0.023	0.027	0.079	—	
职称	-0.035	0.022	0.044	-0.092*	0.082*	0.399**	0.247**	—

注：性别：1=男，2=女；年龄：1=25 岁及以下，2=26~35 岁，3=36~45 岁，4=46~55 岁，5=56 岁及以上；学历：1=高中及以下，2=中专，3=大专，4=本科及以上；职称：1=初级工，2=中级工，3=高级工，4=技师，5=高级技师。** 表示在 0.01 的水平上显著，* 表示在 0.05 的水平上显著。

四、研究假设检验

本书采用全模型分析方法运用 MPLUS 8.1 软件来验证四个假设。首先，通过路径分析，运用极大似然估计法就变革型领导对技能人才创新素质的直接效应进行验证；其次，根据 Mathieu 和 Taylor（2006）提出的比较模型检验步骤，运用乘数乘积法来对技能人才内生动机的中介效应进行检验；最后，根据 Edwards 和 Lambert（2007）提出的有调节的中介模型检验程序，来对组织创新战略的调节效应以及有调节的中介效应进行检验。

（一）直接效应检验

应用结构方程（SEM）分析法，检验变革型领导对技能人才创新素质的直接影响。根据前面对变革型领导和技能人才创新素质之间关系提出的假设，构建如图 4－2 所示的直接效应模型。

图 4－2　变革型领导对技能人才创新素质的直接效应

注：* 表示 $P<0.05$，** 表示 $P<0.01$，*** 表示 $P<0.001$，$N=564$。

对该模型的路径分析结果显示，变革型领导对技能人才创新素质的直接效应系数显著（$\beta=0.215$，$P<0.001$），说明变革型领导对技能人才创新素质具有显著的正向影响。H4－1 得到验证。

（二）中介效应检验

第一，检验内生动机对变革型领导与创新素质之间关系的中介效应。本书采用了 Baron 和 Kenny（1986）提出的检验步骤：首先，当控制了性别、年龄、学历和职称变量后，将变革型领导对创新素质进行回归分析，$\beta=0.456$，$P<0.001$，证明了变革型领导对创新素质有显著影响；其次，将变革型领导对内生动机进行回归分析，$\beta=0.498$，$P<0.001$，证明变革型领导对内生动机有显著影响，H4－2a 得到支持；最后，同时放入变革型领导和内生动机对创新素质进行回归分析，变革型领导 $\beta=0.320$，$P<0.001$、内生动机 $\beta=0.285$，$P<0.001$，显著影响创新素质，H4－2b 得到支持，且表 4－19 模型 3 中变革型领导的回归系数（$\beta=0.320$）小于模型 1

（β＝0.458）的回归系数，满足部分中介要求，如表4－19所示。

表4－19　内生动机对变革型领导和创新素质之间关系的中介作用

模型	因变量（创新素质）		
	模型1（创新素质）	模型2（内生动机）	模型3（创新素质）
变革型领导	0.458***	0.498***	0.320***
内生动机			0.285***
F值	147.705***	193.186***	103.657***
R^2	0.210	0.247	0.272
调整R^2	0.208	0.248	0.269
ΔR^2			0.061

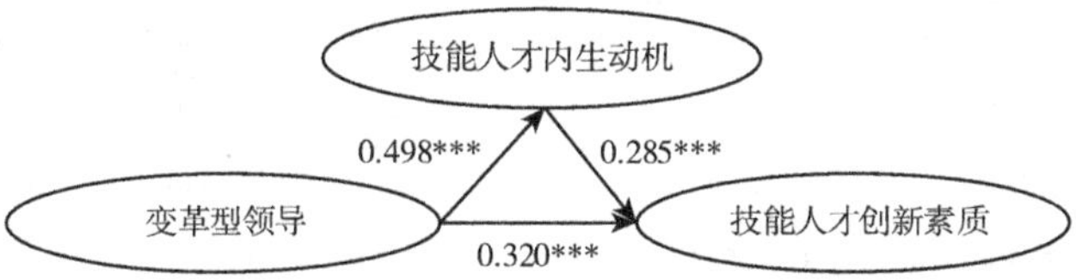

图4－3　技能人才内生动机的中介效应

注：*表示$P<0.05$，**表示$P<0.01$，***表示$P<0.001$，$N=589$。

为了进一步检验内生动机对变革型领导和创新素质之间关系的中介作用，需要对中介效应的显著性进行检验。Bootstrap方法适用于中小规模的样本检验，在95%置信区间是否包含0来判定中介效应是否显著（Mackinnon，2002）。本书采用MPLUS 7.0软件进行路径分析，采用Bootstrap（1000）方法。检验结果表明，变革型领导通过内生动机对创新素质影响的标准化间接效应95%置信区间（0.011，0.178）不包含0，所以内生动机的中介效应显著，具体检验结果（见表4－20）。

表4－20　内生动机中介效应的Bootstrap分析

自变量	中介变量	因变量	完全标准化间接效应	95%置信区间	
				下限	上限
变革型领导	内生动机	创新素质	0.095	0.011	0.178

（三）被调节的中介效应检验

Edwards 和 Lambert（2007）指出，当中介效应受到调节变量的影响时，就形成了被调节的中介模型。本书按照 Edwards 和 Lambert（2007）所提出被调节的中介检验程序及温忠麟和叶宝娟（2014）所提出的依次检验法来进行检验，即判断标准为 a_1b_2、a_3b_1、a_3b_2 三组系数乘积中，只要有一组不为 0，则中介效应被调节，分析结果如表 4－21 所示。

表 4－21　组织利用式创新战略对中介效应的调节作用分析结果

变量	第一阶段（因变量 = 内生动机）			第二阶段（因变量 = 创新素质）		
	β	SE	P	β	SE	P
变革型领导	0.436 *	0.254	0.085	－0.796 *	0.038	0.008
利用式创新战略	0.083	0.039	0.059	0.750 **	0.045	0.021
内生动机				0.099 **	0.043	0.002
变革型领导 × 利用式创新战略	0.185 **	0.01	0.010	－0.137 *	0.076	0.073

注：* 表示 $p<0.05$；** 表示 $p<0.01$；*** 表示 $p<0.001$；$N=566$。

表 4－21 的分析结果表明，在组织利用式创新战略对中介效应的调节作用中，变革型领导对创新素质影响的路径系数值分别为：$a_1=0.436(P<0.1)$、$a_3=0.185(P<0.01)$、$b_1=0.099(P<0.01)$；由于路径系数 a_3 为 0.185，b_1 为 0，099，即 a_3b_1 不等于 0，因此，组织利用式创新战略对中介效应的调节作用存在。另外，由于本书的调节效应为“只调节中介效应的前半路径”，因而 $b_2=0$。根据中介效应的计算公式：

$$Me=(a_1+a_3U)(b_1+b_2U)。$$

当 $b_2=0$ 时，$Me=a_1b_1+a_3b_1U$，其中，Me 为中介效应；U 为调节效应。

将变革型领导对创新素质影响的路径系数值 $a_1=0.436$、$a_3=0.185$、$b_1=0.099$ 代入计算公式得：

$$\begin{aligned}Me&=0.436\times0.099+(0.185\times0.099)U\\&=0.062+0.018U。\end{aligned}$$

由于调节效应 U 的系数为正（0.018），说明组织利用式创新战略正向调节内生动机对变革型领导和创新素质之间关系的中介作用。具体而言，组织利用式创新战略水平越高，变革型领导通过内生动机对创新素质的促进作用越显著，因此 H4－3 得到验证，如图 4－4 所示。

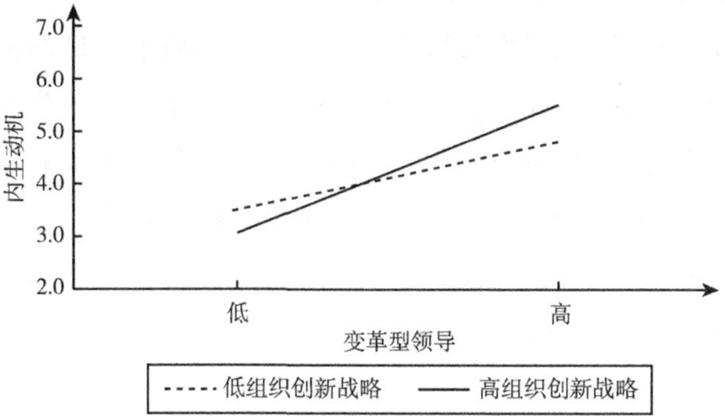

图 4－4 组织创新战略的调节效应

本章小结

本章是研究的具体开展，分析变革型领导与技能人才创新素质作用机制，验证技能人才创新素质激发理论框架中变革型领导、内生动机等前因变量的影响。首先，根据理论模型提出研究假设，分析技能人才内生动机、变革型领导与技能人才创新素质的关系及组织创新战略的调节作用；其次，设计问卷，在量表预测试的基础上，验证各量表的科学性；最后，开展大规模问卷调查，实施信效度检验、同源偏差检验、描述性统计与相关性分析等数据分析，检验直接效应、中介效应、被调节的中介效应等研究假设，得出研究结论。

研究结果表明，第一，变革型领导与技能人才创新素质显著正相关，且变革型领导对技能人才创新素质的直接效应也显著，说明变革型领导对技能人才创新素质具有显著的正向影响。变革型领导善于关注和发掘技能人才的内在需求，通过提供情感支持、公平评价员工、鼓励并及时反馈员工的建言等行为激发技能人才的内在动机，对技能人才创新素质产生重要的影响。第二，技能人才内生动机在变革型领导与技能人才创新素质之间起部分中介作用，即变革型领导通过影响技能人才的内生动机继而影响其创新素质。变革型领导通过内生动机中介作用，对创新素质产生影响。同时企业也需要对自身所处竞争领域的地位和外部环境的变化情况审时度势，制定与自身发展相匹配的创新战略。第三，组织利用式创新战略的调节作用显著，组织利用式创新战略在变革型领导与技能人才内生动机之间起正向调节作用，即与低组织利用式创新战略相比，在高组织利用式创新战略的环境中，变革型领导对技能人才内生动机的影响更大。在我国，由于还处在战略升级的起步阶段，并且中国地大物博，领导者作为企业创新战略的主要制定者，对企业战略的选择有重要影响。

第五章

技能人才创新素质与其创新绩效作用机制

第一节　理论模型与研究假设

一、理论模型

技能人才作为企业创新活动的直接实施者，其兴趣、参与活动的热情等内在素质的高低在很大程度上影响着技能人才的创新绩效。在知识图谱文献计量分析的基础上，本书提炼出技能人才创新素质结果影响因素的技能人才创新绩效、技能人才工作投入和组织创新氛围。这些因素构成了技能人才创新素质的结果变量，根据各因素之间的内在逻辑联系，建立要素之间的关系结构，形成如图 5－1 所示技能人才创新素质与其创新绩效作用机制理论模型。

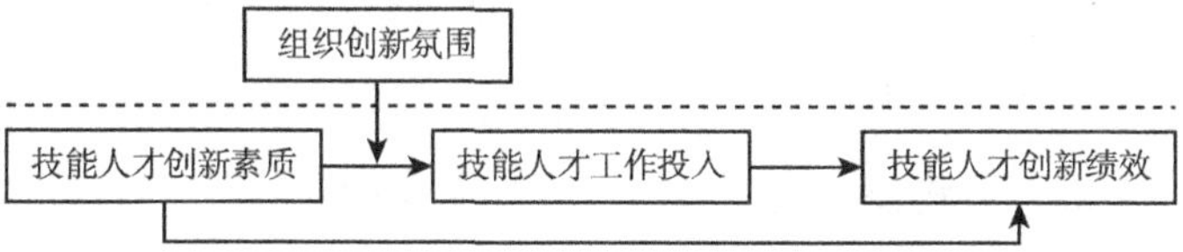

图 5－1　技能人才创新素质与其创新绩效作用机制理论模型

上述模型中，自变量为技能人才创新素质，因变量为技能人才创新绩效，中介变量为创新人才工作投入，调节变量为组织创新氛围。技能人才的个人创新素质显著正向影响其个人创新绩效，有着较高创新素质的个体会主动搜索并整合多种信息，产生偏离常规的新的思想，创造相关的技能进而影响创造性的产生。此时，技能人才创新素质通过其工作投入的中介作用，对其创新绩效产生影响。同时企业要创造良好的氛围正确引导技能人才的创新方向，为员工创新想法的提出与实现提供了创新灵感与拓展平台。技能人才创新素质在良好的组织创新氛围的影响下，通过促进技能人才创新素质的发挥从而表现出更多的创造性行为。此时，组织创新氛围调节影响上述变量关系。通过上述分析，结合国内外相关文献的梳理与回顾发现技能人才创新素质对其创新绩效产生影响，作为个体特征变量的技能人才工作投入在主动性方面与其创新素质存在共性，同时组织创新氛围可以调节个体绩效。技能人才创新素质与其创新绩效作用机制具有素质激发导航功能，技能人才创新素质的激发发展方向由技能人才创新素质与其创新绩效作用机制所决定。技能人才创新素质与其创新绩效作用机制越强说明技能人才激发创新素质的方向性越明确，技能人才创新素质与其创新绩效作用机制越弱说明技能人才选择激发创新素质的方向性越模糊。

二、研究假设

（一）创新素质与创新绩效的关系

由社会认知理论可知，对外部激励因素的反应及自身内部因素复合作用的外部表现会导致人的行为。大量研究表明，创新素质和创新绩效之间显著相关，同时创新绩效产生的水平与可能性能够被创新素质有效地预测。创新素质是创新产生的基础条件，拥有较高创新素质的个体一般都具有自信、灵活、对新鲜事物感兴趣、敢于冒风险等特质，这些特质是实现创新绩效的必要条件。Amabile（1988）构建的创造力模型显示，个人的创新素质与创新行为有着密切的关系。赵斌等（2012）通过实验验证了创新素质对创新行为的正向作用。具有强烈创新意愿、较强的创新能力的技能人才，在企业日常运行的实际中往往对其发起的创新行为及其结果与收益抱有积极的预期，这种预期能对技能人才创新绩效的提升产生正向影响。这种影响通过两条路径对技能人才创新素质产生作用：其一，创新素质能够直接对创新绩效发挥作用，高创新素质有助于技能人才提升创新绩效；其二，创新素质对创新绩效间接产生影响方式是控制知识吸收或知识扩散。因此，技能人才的创新素质对创新绩效中的创新行动、创新结果具有显著的正向预测作用，通过开发和提升技能人才的创新素质和水平，可以有效促进其创新绩效的形成。

创新基础素质以较好的基础品质和职业操守影响技能人才创新态度实现创新。技能人才创新基础素质包括技能人才对自身的评价以及对工作的态度，是其经过多年工作积累形成的职业操守和基础品质。技能人才是否认同组织开展的创新活动，并且愿意为之奋斗以实现目标，技能人才持何种态度决定了其之后的创新行为和最终的创新绩效。如果个体能感知到自身具有可以帮助自己达到某种有利竞争结果的竞争优势，那么这些个体就愿意主动参与竞争并在此过程中形成必胜的信念特征，这种信念特征会促使个体在竞争行为中具有竞争的主动性和信心且全力以赴。总的来说，这种稳定的信念特征能够内在并且较为持久地影响工作生产效率（Goldsmith，1997）。Andries 等（2014）发现技能人才创新绩效的提高受益于工作的积极参与，个体的专业程度决定了技能人才创新绩效提高的程度。Senke（2011）发现，企业所处领域中以隐性知识形态存在的多为比较领先的技能、发现、观念及成果经验。Devinney（2015）基于对 317 家企业的实证，得到了知识对企业的创新绩效有着非常重要影响的结论。绝大多数企业对技能人才进行培训采取的是导师制，师徒辅导通过面对面沟通的方式进行。师徒辅导过程投入大量艰苦的工作，将技能人才细致认真、踏实肯干的基础品质予以传承，新的隐性知识易于在传承的过程产生，将为创新想法的产生和知识的积累打下良好的基础。通过对已有的概念或零散的专业知识的重新整合，技能人才个体将其消化形成新的知识体系。在此过程中，技能人才个体以会议讨论、网络平台等形式将已有知识进行分析、分类和充实，促使隐性知识转化为显性知识，进而创造出更具价值的新知识。知识转化的过程，通常是应用模拟、类比或比喻等方式将隐性知识以文字、语言、图形等易于表达和理解的客观载体表达为显性知识。这个过程将技能人才个体的隐性知识转化为组织的隐性知识，递增和活化了组织中的知识，促进了隐性知识的共享，为技能人才的创新行为提供了更多的知识来源，更容易激发其创新想法的产生和应用。

创新实践素质通过技能人才践行人际交往、问题处理和生产实践来促进创新。技能人才较为扎实的专业知识、丰富的实践经验积累需要依靠技能人才在过去学习、工作的不懈积累影响技能人才既有知识迁移、工作流程改进等推动创新绩效。具有较强学习能力的技能人才能够快速消化知识，加快知识转化应用，促进工作效率的提升和新产品的开发速度。最新研究也发现，创新素质对于创新绩效的结果水平具有直接的正相关关系，并且技能人才的高创新素质水平能够增强其在创新过程中的效能感和满意感。Lin（2007）在其研究中指出，技能人才的创新绩效与其创新素质有着直接的联系。技能人才需要较好的学习能力，对所拥有的知识进行进一步的扩展并更好地运用于相似的任务中。在此过程中，技能人才创新所需要的异质知识由技能人才本身所具备的个体经验和独特的洞察力来提供。在创新实践的过程中，技能人才通过知识的积累和整合来促进创新构想的产生。有助于提升技能人才从失败中快速修复能力的是积极认知，它能帮助技能人才迅速摆脱失败的负面影响并在新的工作中积极投入。技能人才的创新行为被其内在的知识水平在很大程度上影响着，日积月累的判断力和价值观、特有的思维模式、技能技巧及经验决定了技能人才的大部分创新绩效。技能人才在社会化过程中，获得隐性知识的关键经历为观察、模仿、实践以及分享他人的经验等。技能人才通过相互之间的互动交流来不断积累和传递隐性知识。技能人才在组织中只有保持与他人沟通交流，才能更准确地理解自身的工作内容和领导的要求，从而保证工作努力方向的正确性。部门与部门、人与人之间的知识流动在良好的沟通中不断被促进，有利于实现知识的转移和整合、推动创新性想法与方案的产生、促进整体创新绩效的提升。

创新牵引素质以强烈的精神感知和人格特质引导技能人才正确对待创新的困难。创新牵引素质促使技能人才以积极的心态来面对困难，对目标不抛弃不放弃，在低谷时能持之以恒地坚持，在逆境中能持续发展，以积极的方式面对工作。Luthans 等（2005）通过对 422 位中国员工的实证研究，研究结果表明，希望、乐观和坚韧性等人格特质与工作绩效显著正相关。Luthans 等（2007）指出，意志力较强的员工能够取得成功，是因为其能更好地应对逆境和难题。Carr（2004）认为，员工积极理解和接受工作的乐观人格特质帮助其开阔视野，从而使得新观念、新实践容易被员工产生和接受，进而使其表现出更多的创造性。人格特质一方面能促使技能人才在面对挑战性工作时能够利用一切条件来整合所有资源；另一方面能促使技能人才坚定自身能够激发动机、争取资源、充分利用现有条件取得胜利的信心。邢蕊（2015）研究员工创新绩效影响因素时发现，创新精神对员工创新绩效提升的促进作用显著。Smethurst（2016）通过对创新型企业中的创新员工进行研究发现冒险精神是创新人才的显著特质，这种特质体现在创新人才乐于与各种类型的人进行沟通并主动吸收他们的观点，同时还能勇敢地表达自己的新思想和新观点，这些都能够激发创新人才开展创新活动。限于时间和环境条件的约束，当技能人才拥有大量与创新行为相关的信念时，实际上能够被捕捉到信念只是小部分，这些部分构成了影响个体相关行为结果的关键因素（Ajzen，1991）。拥有高水平创新素质的技能人才，更有可能执着地完成自己的工作任务，忠于自己的职责和坚定地战胜困难。培育创新素质是有效激发技能人才创新思维的方式，也能促进技能人才通过探索性的创新行为获得有效的产品创新。技能人才在长期的活动实践中，不断学习，反复验证，进而升华为新的知识形成的过程。在此过程中，技能人才将知识进行思维和经验加工于实际应用中进而形成新的思维模式和经验技巧，实现新一轮知识的融合上升。技能人才创新构想的实施过程被这些新的技能、技巧和思维方式所影响。

根据以上论述，本书提出以下假设：

H5－1：技能人才创新素质对其创新绩效有显著正向影响。

（二）工作投入、创新素质与创新绩效的关系

1. 技能人才创新素质对其工作投入的影响

技能人才注重工作的长远规划，为了实现自身长期发展，在工作中会

更加投入，更愿意为工作奉献，热爱且沉浸于工作之中，不管工作遇到什么困难也能够持之以恒。技能人才能够排除周围无关信息的干扰而专注于他们产生新想法、表达新想法的目标（Galinsky et al.，2008），通过加工与整合需要的信息来推动建立环境与自我之间的良好关系。在完成目标的过程中也非常投入、不会分散注意力，将外在价值内化来促进自我目标与工作的融合，进而转变成主动性活力去追求价值、提高工作效率，最终以愉悦的状态全心投入工作之中（Galinsky，2003；Guinote，2007；Whitson，2008）。

技能人才不断进行着与创新基础素质这种内在认知相一致的反馈，以此来强化自我的内在认知概念。工作投入体现了技能人才积极、充实、饱满的工作状态。Rabinowitz 和 Hall（1977）研发了工作投入综合模型，根据该模型发现个人基础品质和职业操守影响工作投入。技能人才总是在不断寻求或触发符合自我概念的反馈来维持或加强其原始的自我概念，以获得对外部世界的期待和控制感。不同性质的创新素质基础会导致不同的工作状态，技能人才具有积极创新素质基础则会产生积极的工作状态来进行自我验证；技能人才具有消极创新素质则会产生消极的态度或者行为于自我验证的过程中。Fishbein（1967）认为，个体的工作投入会受到工作价值观的影响。Locke 和 Henne（1986）提出，个体工作表现和在工作中的努力程度是受到个体工作意愿影响的，而个体的工作愿景又受到个体工作价值观的影响。Kirkman 和 Shapiro（2001）的研究表明，工作价值观会影响员工工作中的态度和行为。技能人才在创新过程中，以基础品质和职业操守作为行动指南，追求自我价值的实现。技能人才重视自我付出而获得利益的物质回报方式和过程，这种方式和过程能让技能人才感受到工作的意义并为之自豪，促使其愿意为工作而主动奉献。

创新素质实践通过与自我认知价值观进行融合，能够满足技能人才获得工作胜任感的需求，激励技能人才更加持久地投入工作。Ashford（1986）指出，实现组织服务的目标及解决特定工作问题是作为自我实现需要的个体寻求反馈的出发点。Hakanen（2008）认为，工作资源通过满足员工的人际关系、胜任力等需求来激发员工的工作动机，影响员工未来的工作投入。创新素质实践促进技能人才注重建立良好及和谐的人际关系于工作实际中。技能人才注重通过追求更多的人际互动来同领导和同事建立和谐的关系，技能人才在工作实际中会表现出高度的精力和更多的投入来促进和谐人际关系的形成。技能人才因和谐的人际关系而对工作产生持续的激情并认可工作的意义，愿意在工作中主动奉献。这种积极结果会鼓励技能人才更多地与领导、同事、下属开展互动，良好的人际关系的形成有利于提高个体的工作积极性，激励技能人才投入工作中专注工作。技能人才在工作中注重物质回报，追求物质利益的最大化。因此，技能人才表现出高度的精力和强烈的意愿投入工作中，希望通过保持高度的活力在工作中获得良好收益，为此即使遇到困难也能够持之以恒，使工作充满活力和激情。追求物质利益的最大化让技能人才喜欢新鲜感、接受新事物的能力强、乐意接受有挑战性的工作、愿意用创新式的方法解决问题，技能人才为此专注于工作、沉浸于工作，甚至是忘我工作。

创新牵引素质是技能人才行动的力量源泉，较强人格特质和精神感知的技能人才会全身心投入工作中，并愿意付出额外劳动来完成工作任务。Maslach 等（2001）指出人的性格与工作投入相关联。Schaufeli 等（2007）认为，多样性的联系存在于工作投入和人格、灵活性、自我效能感之间。Britt 等（2001）发现，显著正相关的关系存在于人格坚韧性与个体工作投入之间。也有研究表明，低神经质和高灵活性特征的个体往往具有高工作投入水平，神经质、外倾性和灵活性与工作投入显著相关①。Xanthopoulou 等（2007）将自我效能感及其对于组织的自尊和乐观作为最具代表的个体特质，研究个体环境下员工的工作投入。李资（2010）和毛晋平等（2012）发现，心态越乐观、越积极的员工，越愿意在工作中投入更多时间和精力。技能人才追求工作对自身的兴趣和吸引力，积极寻求工作和自身偏好的匹配，当对创新工作本身的特征与内容的认知和偏好时，技能人才意愿投入并专注于工作中，就会提高工作的活力。具有较高创新素质的

---

① Langelaan S., Bakker A. B., Van L. J. Burnout and work engagement: do individual differences make a difference [J]. Personality and Individual Differences, 2006, 40 (3): 521 - 532.

技能人才喜欢挑战性的工作、乐意用创新来完成工作、愿意为工作而主动奉献，这是因为工作能使他们源源不断地感受到自豪感和挑战感。技能人才会有更多的工作满意感，感到工作有意义，这种信念感影响着技能人才在创新活动中付出努力的程度，技能人才会提高对工作的奉献。

根据以上论述，本书提出以下假设：

H5 - 2a：技能人才创新素质对其工作投入具有显著的正向影响。

2. 技能人才工作投入对其创新绩效的影响

工作投入是以活力、奉献和专注为特征的一种对于工作的积极心理状态。高的工作投入一般会带来较好的工作成果回报（Keller，1997；Bruce，2006）。Becker（2014）的研究表明，员工工作投入对企业生产绩效有正向影响。Kamin（1983）在研究中指出，对工作具有较强认同感的员工由于工作投入程度较高，因此更容易得到较高绩效。技能人才创新是一个需要投入体力、精力、智力以及情感的复杂而漫长的过程。饱满的工作状态是产生和实现创新想法的个体条件，工作投入高的技能人才在工作中表现得更主动，有助于提升其创新绩效。

工作投入能使技能人才快乐而高效地工作。精力充沛、愉悦、自我感觉良好、专注忘我都是技能人才工作投入体现出来的稳定工作状态。Demerout 等（2004）研究发现，当个体的工作投入高时，无论是在工作角色之外还是之中，员工都能得到赞扬和肯定，在这种情况下，员工也愿意在工作中付出更多的努力。技能人才工作越投入，越认真努力、越充满激情，工作绩效就越好；反之，技能人才工作中如果工作投入低，越慵懒散漫、越态度消极，工作绩效就越低。技能人才的工作投入越高其在工作中就越能产生愉悦、快乐的积极情绪，促进技能人才快速、有效、专心地融入工作角色中去，有助于其提升工作效率。技能人才会因工作投入而对自己的工作全神贯注、不知疲倦地自愿付出努力、面对困难坚持不懈、勇于接受各种挑战。同时，工作投入也能够激发技能人才的积极性和主动性，促进工作单元的创新（Paauwe，2009），有助于技能人才创新绩效的形成。

工作投入能使技能人才更好地认可工作内容。根据大量的文献理论分析以及企业现实发展情况，技能人才在工作中投入越多，工作结果即工作绩效也越高，两者呈显著的正相关关系。Saleh 等（1976）研究指出，工作投入与任务绩效之间的关系之所以显得更为紧密，是因为工作投入程度较高的员工对工作认同感较强，因此工作绩效也相对较高。Sonnentag（2003）研究发现，工作投入与主动行为存在显著正相关，这能够较好地对员工的工作绩效进行预测，对员工的绩效行为可以提供指导。技能人才投入较多时间与精力参与到创造过程中，使其能够更有效地收集信息、识别问题来提出更多可行的方案（Kim et al.，2010）。Keller（1997）的研究发现，工作投入与工作绩效显著相关。主动投入更多时间和精力去学习是工作投入高的技能人才产生额外工作绩效的原因。技能人才在工作过程中的实施创新是一个动态且复杂的过程，这是一个技能人才在具备一定知识和能力的基础上进行不断地试错和验证，最终完成创新从思维产生到行动实施过程的蜕变。

技能人才因工作投入在工作时富有精力和韧性。工作投入持久性和弥散性的特点体现了技能人才在工作上投入兴趣、时间及注意力的程度，表现为技能人才甘愿全身心努力投入工作为完成工作目标和任务而不知疲倦。Browm 和 Leigh（1996）运用元分析的方法研究工作投入与工作绩效，发现两者之间存在显著的正相关关系。王和忠（2005）、郑玉伟（2009）两位国内学者也证实了工作投入与工作绩效之间存在显著正相关的关系。技能人才的主动性强有力地推动工作单元的创新，员工创新行为产生的条件正是积极性和主动性，而工作投入越多就越能提升技能人才的积极性和主动性（Zhang，2010）。在创新素质的牵引下，技能人才在处理工作要求和工作资源之间不平衡的关系时，能够做到主动放松、增加投入来提升工作绩效。在此过程中，需要技能人才能够积极主动地去面对必然会遭遇的困难、问题与挫折，持之以恒地坚持自己的创新行为。以上所述最终有利于技能人才的创新。

根据以上论述，本书提出以下假设：

H5－2b：技能人才工作投入对其创新绩效具有显著的正向影响。

3. 技能人才工作投入在其创新素质对其创新绩效影响的中介作用

创新是一个包含创意产生和创意实施等内容的复杂动态行为过程（Amabile，1996），技能人才创新绩效的产生不仅需要自身较高的创新素质，还需要大量的时间和精力投入创新工作中。技能人才工作投入一种饱满的工作状态，包括体力、智力和情感的投入。有研究表明，工作投入对员工创造性具有正向影响。Shuler（1977）研究发现，组织实施的激励措施通过工作投入的中介作用对员工的工作满意度产生影响。Shalley（2007）认为，工作有热情、将自己与企业联系在一起是高投入员工的特征，高投入员工通过推动创新使企业获得发展的动力。

技能人才在创新基础素质的作用下，积极投入工作中付出超出工作要求之外的努力和尝试，并提出新的工作方式、参与新的工作方式。技能人才试图主动作为来改变周围的环境，在面对有利时机时会主动抓住机会并通过自己的努力去改变（Seibert et al.，1999）。Ceyda（2015）认为，胜任力练习及提升对反馈调查结果产生影响需要通过工作投入的中介来实现。对员工工作绩效用动机理论进行分析，研究者认为工作完成后的成就感体验是员工工作投入的动机，员工工作动机越强则工作绩效越高（Bateman & Crant，1993）。Bruce 等（2010）指出，工作投入同员工工作角色的相关性更强，因为工作投入能够产生涉及员工创新行为的工作角色意识，生产实际中工作投入需要将精力、情感和意识投入工作角色中，从这个视角来看工作投入是一个比内生动机要更为宽泛的概念。技能人才面对有利时机时会主动抓住机会，这种积极的心态对其创造力具有正向的影响。精力充沛且心理健康是高工作投入的技能人才所表现出来的特质，其自我价值实现来自认知、情感等多个方面，这让技能人才在体验期望满足时充满喜悦感。知识与技能的提高不但能提升技能人才工作效率和工作完成度，也将提高其对自我工作的认同感。同时，有着强烈职业认同感的技能人才也会不断发展职业相关技能，将更多的时间和精力投入其工作之中。

创新实践素质推动技能人才通过不断学习获取解决问题的新方式，促进技能人才的知识和能力不断更新。学习理论认为，自我学习能够扩展个体提出新想法、新观点的信息来源渠道和增强个体的自我效能感，是个体获取知识、能力的一种有效方式①。Jari（2008）研究发现，工作投入中介

① Lankau M. J.，Seandura T. A. An investigation of personal learning in mentoring relationships：content，antecendents and consequences [J]. Academy of Management Journal，2002，45（4）：779 – 790.

心理授权和创新行为之间的关系。Sonnentag（2003）发现，个体主动提升创新素质的行为，具有促进个体加大工作投入和提高个体工作绩效水平的双重效果。更加容易与工作建立比较紧密的情感联系一般体现在高工作投入的技能人才身上，这让高工作投入的技能人才坚信其完全能够满足工作的要求，完全能够解决工作的困难（Schaufeli et al.，2002）。由于技能人才拥有更多的创新素质，能够广泛收集信息并检索解决问题的全新方案，在工作投入过程中融入知识以解决问题，提高效率。当技能人才思考得越多、准备得越充分就越有可能产生创新性的想法①。而人际交往能力有助于技能人才铸造良好的人际关系网络，保持与上级和同事和谐的工作关系，提高技能人才的工作投入度。

创新牵引素质促使技能人才在全面了解自己基础上，不断探索、不断创新、不断寻找各种可能性。因为对工作充满兴趣与好奇，高工作投入的技能人才愿意为完成任务而忘我工作。Maria 等（2015）发现，组织认同与工作满意度之间的关系受工作投入的完全中介作用。李锐（2010）对企业员工开展实证研究，发现工作满意度以工作投入为中介对工作绩效产生作用。Sale 和 Hosck（1997）研究发现，工作投入程度高的个体能够表现出高质量和高效率的工作绩效。高工作投入使技能人才工作时富有精力，具有相对较高的影响力，有更积极的感受，自我效能感较强，有更多的工作投入（Lyubomirsky & Ross，1997）。有较强创新牵引素质的技能人才愿意为工作任务付出更多的时间和努力，会积极寻求能够改变现状的方式和方法来面对工作中的困难和障碍，具有较好的韧性和耐受力。有较强创新牵引素质的技能人才有内置工作价值的偏好，他们追求自身工作的价值，有更多自豪感，感到工作有意义，因此技能人才愿意为工作奉献。这些有助于充分挖掘技能人才的工作潜能，使技能人才出色地完成工作任务，也因此更加有可能会产生新颖又实用的想法，为创新绩

① Kim T. Y.，Hon A. H.，Lee D. R. Proactive personality and employer creativity: the effects of job creativity requirement and supervisor support for creativity [J]. Creativity Research Journal，2010，22（1）：37－45.

效的提升打下良好基础。

根据以上论述，本书提出以下假设：

H5－2c：工作投入在其创新素质影响其创新绩效过程中起中介作用。

（三）组织创新氛围的调节作用

根据社会认知理论的观点，相互作用、相互依赖及相互决定的关系存在于个体、个体行为和环境之间。技能人才创新绩效的表现由技能人才创新素质、技能人才工作投入和组织创新氛围共同来决定。从个体层面来看，组织创新氛围是技能人才主观上对组织中创新情境因素的感知。在组织系统运行的过程中，影响创新绩效的除了技能人才个体层次因素，又有群体层次的因素。组织创新氛围作为技能人才对组织情境的一种心理认知与体验，影响着技能人才创新能力的养成、发展和运用，还在个体与组织创新行为之间发挥着重要的链接作用，是对组织创新支持、创新特性和创新导向的一致性解释和认知。何巧云（2011）指出，组织环境因素通过与个体因素的交互作用来影响个体绩效。Nora 等（1996）也指出员工的创新绩效与其工作上接受到的各种支持程度高低有关。组织创新氛围是推动员工创新的重要因素，它同创新绩效显著相关①。组织中良好的创新气氛不仅积极影响着技能人才的创新能力有效转化为创新结果，同时还积极影响着技能人才的创新行为有效转化为创新结果。

组织创新氛围越浓郁，技能人才创新基础素质引致其工作努力程度越高，技能人才越愿意提升工作绩效。行为是人与环境之间适应关系手段，它既不支配于人的需要，也不制约于环境现实的条件。由此可知，工作的努力是环境、个体与结果之间的媒介，创新绩效的产生需要个体付出工作的努力等创新的行为。根据情景力量理论，个体与情景共同作用导致了个体行为和行为绩效的形成，而组织创新氛围是常见的情景力量之

① Patterson M., Warr P., West M. Organizational climate and company productivity: the role of employee affect and employee level [J]. Journal of Product Innovation Management, 2000, 17 (6): 424－424.

一。情景力量提供的适宜性情景依据与个体有关的特定行为或行为绩效，这种提示会促进或抑制个体的情感、认知、兴趣等心理变量转化为特定行为或行为绩效形成的过程。Amabiel 和 Coon 等（1996）认为，组织创新氛围是工作环境支持创造和创新被组织成员所感受到的程度。组织创新氛围在个体行为和行为绩效形成过程中可以营造一种强情景或弱情景，包括资源、压力、阻碍创造力的组织因素、自治或自由度及创造力的促进或激励因素，其将对技能人才创新素质向特定行为和行为绩效产生阻碍或促进作用（Meyer，2010）。技能人才对于组织创新氛围的感知能够使其产生压力与被控制感。技能人才一旦感知到组织成员对创新活动的支持及组织内部浓郁的创新氛围，则会积极影响技能人才的创新行为的产生（张毅，2014）。技能人才对组织有了认同感之后，就会相应产生创新是其本职工作，也是其应尽责任与义务，从而主动开展创新，这有利于创新成果的产出。与一般员工比较，技能人才具有相对较高的创新素质且能主动通过工作努力来提高创新绩效，创新素质越高的技能人才越容易产生较高的创新绩效。

组织创新氛围越浓郁，技能人才创新实践素质就越能促使其在工作中学习新本领，激励技能人才提升创新绩效。研究表明，技能人才创新行为和创新结果被组织创新氛围调节时具有联动性效应。郑建君（2010）指出，在企业运行的实际中，高水平的创新绩效往往并不能被高创新素质的员工取得，导致这种异常现象的原因与员工所处的组织内部创新氛围有关。当创新素质一定时，创新氛围良好的企业会从资源、鼓励、团队协作等角度提供多层级的支持来激发员工的创新意愿、促进员工的创新行为、扩展员工的创新结果、提升员工的创新水平（张海涛和龙立荣，2014）。组织中其他成员对技能人才创新行为的看法和反应会影响技能人才创新活动的开展。从组织层面来看，创新氛围浓郁的组织会通过建立科学的授权机制、合理的奖励措施、完善的沟通机制来促进技能人才的技能培训、创意开发和创新引导，鼓励技能人才参与内部创新决策，激励技能人才开展创新争取更好的工作绩效。当组织具有积极的创新氛围时，技能人才的创新行为和创新精神就会得到鼓励和奖赏，员工之间交流的频率会得到提升，知识传递和转化的效率加速，推动技能人才积极提升创新绩效。

组织创新氛围越浓郁，技能人才创新牵引素质促进其工作支持的心理感知越强烈，越能提升技能人才的创新绩效。互动论的观点认为，个人因素与群体因素相互作用导致了个体行为。技能人才创新素质与创新绩效之间关系的强度与方向会受组织创新氛围的强化或削弱。在激发创新意愿和启发创新思维的过程中，组织创新氛围这一环境因素起到了重要的作用，更具有联动性的特征体现在创新氛围对于创新行动和创新结果的调节作用中（Richardson & Vandenberg，2005）。Robinnowitz 和 Hall（2017）认为，工作投入是个人特质在工作情境影响下出现的，它强调个人及情境的互动性，认为工作投入是由两者相互影响而诱导产生。不同技能人才的工作努力程度之所以会存在差异，这与个体创新素质的高与低有着一定的关系。一方面，如果技能人才的创新素质高，他们因对创新行为实现自身价值有一定的预期而预测到创新活动会有一定的困难，因此会理性分析现状、认真整合资源、直面处理问题，最终提出合理的解决方案；另一方面，如果技能人才的创新素质较低，则其在遇到困难和挫折时因为预期和预测不够很容易放弃。因此，创新素质高的技能人才要比创新素质较低的技能人才付出更多的工作努力。高组织创新氛围会放大高工作投入技能人才的积极性，低组织创新氛围则会强化低工作投入技能人才的消极性。当技能人才创新素质水平一定时，处于良好创新氛围中的企业能够通过自主化工作、团队化协作、充足资源的投入、多层次的支持和有效的激励等方式直接或间接地作用于技能人才，激发其创新意愿、促进其创新行为、转化其创新结果，进而提升技能人才的创新绩效水平。

根据以上论述，本书提出以下假设：

H5－3：组织创新氛围正向调节技能人才工作投入对其创新素质和其创新绩效之间关系的中介作用。即，在较好的组织创新氛围下，技能人才创新素质通过其工作投入对其创新绩效产生的正向影响会增强。

第二节　问卷设计与数据收集

一、问卷设计

（一）研究构思与研究设计过程

本部分的研究采用问卷调查的方式来获取实证分析的样本，先设计调查问卷。本书中涉及四个关键变量，其中技能人才创新素质量表在前面文献分析和实地访谈的基础上采用质性研究的方法对技能人才创新素质内容结构维度进行了构建，并采用科学量化分析验证了其是一个科学的量表。对于其他变革型领导、技能人才内生动机和组织创新战略三个变量，本书主要在国外权威量表的基础上结合中国情景进行修改的方式来编制量表。

与前面研究的设计过程一样，本书通过阅读学习大量的相关国内外文献、广泛征求专家以及向技能人才征询修改建议后形成定稿。最后，小范围征询技能人才意见，形成调查问卷的终稿。

（二）变量设置与测量

问卷共分为两个部分。其中，第一部分是个人的基本信息，第二部分是创新素质、创新绩效、工作投入和组织创新氛围测量量表的具体题项。量表题项采用李克特五点计量方法，1～5分分别表示非常不符合、比较不符合、不确定、比较符合、非常符合，根据被调查者的打分对变量进行测量。

1. 创新素质测量题项

根据前面技能人才创新素质量表开发研究结论，技能人才创新素质包括创新基础、创新实践和创新指引三个方面，职业操守、基础品质、人际交往、问题处理、生产实践、精神感知和人格特质七个维度，踏实肯干、解决问题能力、开拓精神等29个题项。经过前面的研究，该量表具有较好的内容和结构效度，是一个可靠的测量工具（见表5－1）。

表5－1　　创新素质测量题项

维度	题号	题项
职业操守	ZYC1	我服从组织安排
	ZYC2	我能自觉完成工作任务
	ZYC3	我热爱自己的工作岗位，全身心投入工作
	ZYC4	我能够在生产中以服务他人为导向
	ZYC5	我有强烈的责任感，尽职尽责做好本职工作
基础品质	JCP1	我不怕苦不怕累，我愿意实实在在做好自己的事
	JCP2	我对待工作一丝不苟，从不马虎
	JCP3	为了工作，我愿意经常付出额外的努力
	JCP4	我注重实效，花更多时间致力于实在的或具体的事情
人际交往	RJJ1	我善于利用机会适时宣传和推广自己的创新成果
	RJJ2	在交往中，我能准确表达自己的想法和意图
	RJJ3	我能设法获得创新活动开展所需的资源
问题处理	WTC1	我善于分析不同事物间的基本联系和差异
	WTC2	我观察事物细致入微
	WTC3	我能把握事物的本质特征和内部联系
生产实践	SCS1	我会操作和使用生产工具、设备
	SCS2	我会安装生产工具、设备
	SCS3	我会调整作业方式、参数或流程以适应生产要求和环境变化
	SCS4	我能使用、维护和保养生产设备，并使之保持良好工作状态
	SCS5	我常常能解决实际生产中出现的问题
	SCS6	对于现场技术难题、非正常突发事件或故障我能灵活处理
	SCS7	我能对操作过程中出现的紧急情况做出准确判断
精神感知	JSG1	在工作中，我总是尝试寻找新的可行方法解决问题
	JSG2	我能够沿着不同的方向思考问题
	JSG3	在工作中，我会依据经验，用科学的方法反复试验寻找最优方案
	JSG4	在工作中，我会深入钻研并反复试制以探求规律
人格特质	RGT1	我意志坚定地在创新道路上不断摸索
	RGT2	我总是在探寻新知识、尝试新方法
	RGT3	对于创新，我充满自信

2. 创新绩效测量题项

技能人才创新绩效是技能人才同组织之间互动从而创造出一系列的创新活动，我国技能人才创新活动有一定程度的地域特征。因此，在量表选择上，在国外学者所提供量表的基础上，根据我国的基本国情以及研究领域和相关学术问题，借鉴了韩翼（2007）根据本土情况编制出的已被证实具有良好信度与效度的量表，从创新意愿、创新行为、创新结果三个维度展开对技能人才创新绩效的测量（见表5－2）。

表5－2　创新绩效测量题项

维度	题号	题项
创新意愿	CXY1	在工作中，我会为改善现状提供新想法
	CXY2	我会通过学习，寻找新的工作方法或工具，培养新技能
	CXY3	我会主动支持具有创新性的想法
创新行为	CXX1	我能让公司的领导者关注工作中的创新思维
	CXX2	我能在工作中清楚地介绍我的创新性思想
创新结果	CXJ1	我曾因在工作中提出创新想法而获得领导表扬
	CXJ2	我曾把我创新性想法应用到实际行动中
	CXJ3	我曾提出过有创意的办法来解决工作中的问题

3. 工作投入测量题项

UWES 量表对工作投入的理论和实践研究是最为广泛认可的成果，以及成为学者进行工作投入实证研究的主要测量工具。结合研究需要，本书以 Schaulfeli 和 Bakke（2003）对于工作投入的定义和精简版 UWES 工作投入量表为基础，提出如表5－3所示有关工作投入的量表。

表5－3　工作投入测量题项

维度	题号	题项
活力	HL1	早上起床时，我很乐意去工作
	HL2	在工作时，我觉得干劲十足
	HL3	我能持续工作很长时间，中间不需要休息

续表

维度	题号	题项
奉献	FX1	我对自己所从事的工作感到骄傲和自豪
	FX2	我所做的工作能够激励我，激发我的灵感
	FX3	我对自己的工作非常热衷，充满热情
专注	ZZ1	在工作时，我满脑子只有工作，会忽略周边事物
	ZZ2	让我放下手中的工作是一件很困难的事
	ZZ3	当我全身心投入工作时，我会感到快乐和愉悦

4. 组织创新氛围测量题项

在测量量表的设计上，在 Amabile 等（1996）设计的 KEYS 量表的基础上，本书参考了刘云和石金涛等（2009）在中国文化背景下提出的个人层面对组织创新氛围进行测量的量表研究。结合技能人才创新过程及特点，把组织创新氛围分为四个维度，分别是任务特征、同事支持、上级支持和组织支持，共 16 个题项（见表 5 -4）。

表 5 -4　　组织创新氛围测量题项

维度	题号	题项
任务特征	RWT1	我有空余时间去开发创意或寻找新方法
	RWT2	我可以获得设备、器材来验证新想法
	RWT3	我可以获取充分的信息、资料来进行改造性工作
	RWT4	我有充足的时间去实现自己的新想法
同事支持	TSZ1	在工作中，我的同事们相互支持和协助
	TSZ2	在工作中，我的同事们乐于分享彼此的方法和技能
	TSZ3	我的同事们经常就工作中的问题进行交流与探讨
	TSZ4	当我有新创意时，我的同事们积极发表建议和意见
上级支持	SJZ1	我的上级尊重和容忍下属提出不同的意见与异议
	SJZ2	我的上级鼓励下属提案以改善生产或服务
	SJZ3	我的上级会支持和协助下属实现工作上的创意
	SJZ4	我的上级是一个很好的创新典范
组织支持	ZZZ1	公司提倡进行新的尝试，从错误中学习
	ZZZ2	公司赏识和认可有创意和进取精神的员工
	ZZZ3	公司通常为员工的创意提供奖励
	ZZZ4	公司崇尚自由开放与创新变革

5. 控制变量

与前面研究考虑一样，本书选择年龄、性别、受教育程度、职称和工作年限五个员工个体变量作为控制变量。在对性别的测度方面，分为男性和女性两类；对年龄的测度方面，分为25岁及以下、26～35岁、36～45岁、46～55岁以及56岁及以上几个年龄层次；在对受教育程度的测度方面，分为高中及以下、中专、大专、本科及以上几个学历层次；在对职称的测度方面，分为初级工、中级工、高级工、技师、高级技师几个层级。

二、量表的预测试

（一）样本的来源与分析

除了本书开发的技能人才创新素质量表之外的其他三个量表均来自已有的成熟量表，为了提高问卷的可靠性和有效性，减少正式大样本测试的风险和误差，本书在正式调查之前进行了一次小样本预测试。小样本预测试对象与第四章一致，抽取近五年“中华技能大赛”获奖者发放问卷，共发放问卷200份，回收问卷185份，其中有效问卷178份，有效问卷回收率为89%。其中，性别以男性为主，占比为85.96%；以中青年为主，年龄绝大多数分布36～55岁，占比为69.66%；学历以中专和大专为主，中专占比为41.01%，大专占比为34.27%；职称以技师和高级技师为主，技师占比为57.87%，高级技师占比为38.20%；工作年限主要分布较为均匀，绝大多数集中在11～31年。

（二）量表的信效度测试

在量表的信度分析过程中，本书采用题总相关系数（Corrected Item Total Correction，CITC）来净化量表测量项目，采用Cronbach's α系数检验变量的信度。如表5－5所示，利用SPSS 23.0进行量表的信度分析，观察CITC小于0.4的题项，发现CITC小于0.4题项的包括创新绩效量表中的CXY2、CXY3、CXX1和工作投入量表中的FX3、ZZ2以及组织创新氛围量表中的 RWT3、RWT4、TSZ2、TSZ4、SJZ1、ZZZ2、ZZZ4 共计 12 个题项。进一步逐一删除题项检验各量表题项并观察余下各题项的 Cronbach's α 系数变化情况，删除该题项后是否会引致 Cronbach's α 系数上升，创新绩效量表 CXY3 和组织创新氛围量表 TSZ4、ZZZ2 三个题项（卢纹岱，2002）。创新绩效、工作投入和组织创新氛围量表各维度 Cronbach's α 系数分别为 0. 683、0. 744 和 0. 802，均大于 0. 60（Guieford，1965），即创新绩效、工作投入和组织创新氛围量表及其各维度均达到较高的信度水平。

表 5 - 5　　量表的信度分析

变量	维度	题项	初始 CITC 系数	删除该题项 Cronbach's α 系数	Cronbach's α 系数
创新绩效	创新意愿	CXY1	0. 419	0. 653	0. 683
		CXY2	0. 359	0. 665	
		CXY3	0. 190	0. 795	
	创新行为	CXX1	0. 396	0. 651	
		CXX2	0. 479	0. 640	
	创新结果	CXJ1	0. 610	0. 604	
		CXJ2	0. 518	0. 623	
		CXJ3	0: 561	0. 615	
工作投入	活力	HL1	0. 400	0. 726	0. 744
		HL2	0. 429	0. 720	
		HL3	0. 431	0. 719	
	奉献	FX1	0. 486	0. 713	
		FX2	0. 417	0. 722	
		FX3	0. 380	0. 727	
	专注	ZZ1	0. 529	0. 703	
		ZZ2	0. 320	0. 744	
		ZZ3	0. 448	0. 717	

续表

变量	维度	题项	初始 CITC 系数	删除该题项 Cronbach's α 系数	Cronbach's α 系数
组织创新氛围	任务特征	RWT1	0.565	0.779	0.802
		RWT2	0.456	0.787	
		RWT3	0.385	0.792	
		RWT4	0.380	0.793	
	同事支持	TSZ1	0.429	0.790	
		TSZ2	0.389	0.792	
		TSZ3	0.466	0.789	
		TSZ4	0.191	0.804	
	上级支持	SJZ1	0.258	0.800	
		SJZ2	0.422	0.793	
		SJZ3	0.464	0.788	
		SJZ4	0.496	0.785	
	组织支持	ZZZ1	0.637	0.775	
		ZZZ2	0.108	0.807	
		ZZZ3	0.463	0.788	
		ZZZ4	0.350	0.795	

运用 SPSS 27.0 对删除题项后的量表进行信度检验，创新绩效和组织创新氛围量表的 Cronbach's α 系数分别上升为 0.795 和 0.811，即创新绩效和组织创新氛围量表达到更高的信度水平。进一步进行 KMO 值测度、Bartlett 球形检验以及探索性因子分析，结果如表 5－6 所示，创新绩效、工作投入和组织创新氛围量表的 KMO 值分别为 0.760、0.646 和 0.705，均大于 0.60（马国庆，2002），且 Bartlett 球形检验的结果均小于 0.01 的显著性水平。同时，在探索性因子分析中，各题项在其相应的公因子上的因子载荷也均大于 0.4（Nunnally，1994）。因此，本书所使用的创新绩效、工作投入和组织创新氛围量表的效度也达到较好的水平。

表 5－6　　量表的效度分析

变量	维度	题项	Cronbach's α 系数	因子载荷	KMO 值	Bartlett 球形检验		
						近似卡方	自由度	显著性
创新绩效	创新意愿	CXY1	0.795	0.633	0.760	419.446	21	0.000
		CXY2		0.691				
	创新行为	CXX1		0.463				
		CXX2		0.664				
	创新结果	CXJ1		0.839				
		CXJ2		0.747				
		CXJ3		0.806				
工作投入	活力	HL1	0.744	0.532	0.646	453.970	36	0.000
		HL2		0.561				
		HL3		0.588				
	奉献	FX1		0.663				
		FX2		0.662				
		FX3		0.557				
	专注	ZZ1		0.641				
		ZZ2		0.489				
		ZZ3		0.593				
组织创新氛围	任务特征	RWT1	0.811	0.683	0.705	1089.881	91	0.000
		RWT2		0.545				
		RWT3		0.690				
		RWT4		0.608				
	同事支持	TSZ1		0.535				
		TSZ2		0.533				
		TSZ3		0.514				
	上级支持	SJZ1		0.559				
		SJZ2		0.618				
		SJZ3		0.630				
		SJZ4		0.615				
	组织支持	ZZZ1		0.742				
		ZZZ3		0.543				
		ZZZ4		0.566				

三、数据收集及研究方法

(一) 样本及被调查对象选择

研究的问题是技能人才创新素质引导机制，欲证明技能人才创新素质对其创新绩效的影响过程中，技能人才工作投入和组织创新氛围分别起到了重要的中介作用和调节作用。为了保证本书中研究模型的实用性和普遍意义，问卷的发放尽可能扩大样本所覆盖的行业和地区。与前面样本选择一致，本书仍然以中华技能大赛评选结果中技能人才培养突出贡献单位为标准进行样本企业的筛选，选取其中 194 家企业协助研究者开展大规模问卷调查。在与企业负责人沟通后，请企业负责人协助选择在一线工作并符合以下条件之一的技能人才实施问卷发放：(1) 有新发明和新创造；(2) 改进了工艺流程或提升了劳动效率；(3) 改善了产品质量或强化了企业安全生产。

本次问卷历时四个月，从 2023 年 1 月初开始到 4 月底结束。由调研人员联系各企业人力资源部门负责人，将问卷发送给他们并说明调研的程序和目的，由他们选择企业内具有较强创新素质的技能人才进行问卷发放。共收回问卷 700 份，删除掉其中大幅遗漏数据、前后填写矛盾和答成规律分布的无效问卷 95 份后，获得 605 份有效问卷，问卷有效回收率为 86.43%。

(二) 问卷发放及收集

从回收的有效问卷来看，与前面样本企业特征一致，本书调研不同性质、规模、成立年限、行业、省份的企业都广泛涉及，覆盖面较广。其中涵盖了我国目前企业所有的所有制、规模类型，以民营企业为主，占 43.81%；各种企业规模都涉及，主要是中型企业，100~1000 人规模企业占 55.16%；以成立年限 11~20 年为主体组成，占 40.21%；覆盖 18 个省区市，以北京、上海、浙江、湖南、广东五省市有效样本数量最多，分别占总数的 18.04%、17.01%、11.86%、15.46% 和 10.82%；覆盖的行业包括制造、建筑、交通运输、采矿、电力等多个行业，其中制造业、建筑业有效样本数量最多，分别占总数的25.26%和22.68%，符合我国目前技能人才分布特点。

从回收的有效问卷来看，调研个体以男性为主体，男性所占比例为75.70%；在年龄分布上，35岁及以下占据了绝大部分，所占比例为64.63%；在学历方面，集中分布在高中及以下、中专及大专，所占比例分别为29.92%、32.07%和26.94%；在职称分布上，以初级工和中级工为主体，所占比例分别为35.04%和26.45%；调研对象绝大多数处于青壮年，工作年限5年及以下、6~10年、11~15年所占比例分别为20.50%、28.10%和22.98%。样本人员特征分布较为合理，反映了我国目前技能人才以男性为主、年轻、学历层次不高、工作年限较短的总体现状。

（三）数据分析方法

本书主要采用SPSS 27.0、MPLUS 8.1进行数据统计分析。首先，采用SPSS 27.0对本书所设计的变量进行结构效度的探索性因子分析与内部一致性信度系数检验，进一步利用MPLUS 8.1通过验证性因子分析对本书涉及的关键变量技能人才创新绩效、技能人才工作投入、组织创新氛围进行信度与效度检验，同时分析是否存在严重的同源偏差；其次，利用SPSS 27.0对控制变量以及四个关键变量进行描述性统计与相关性分析，为假设的检验提供基础；最后，利用MPLUS 8.1和SPSS 27.0逐步对本书的理论假设进行实证分析，其中，技能人才工作投入在其创新素质影响创新绩效过程中的中介作用通过MPLUS 8.1进行验证，组织创新氛围在技能人才工作投入与其创新素质和创新绩效之间的调节作用通过SPSS 27.0进行检验。

第三节　数据处理与结果分析

一、信度与效度检验

（一）信度分析

本书采用组成信度（Composite Reliability，CR）的计算值来进行检验。

与前面一样，选用 0.6 作为判定标准，系数越高，则信度越高。

如表 5－7 所示，技能人才创新绩效量表 7 个变量的因子载荷在 0.613～0.845 范围内，同时在 0.001 的水平上显著，符合要求，且技能人才创新绩效量表的组成信度 CR 为 0.8943，远大于 0.6，说明技能人才创新绩效量表具有很好的内部一致性。

表 5－7　　　　创新绩效量表信度检验结果

维度	题项	Estimate	S. E.	Est. /S. E.	P－Value
创新意愿	CXY1	0.757	0.040	18.892	0.000
	CXY2	0.707	0.040	17.890	0.000
创新行为	CXX1	0.613	0.036	16.858	0.000
	CXX2	0.700	0.036	19.558	0.000
创新结果	CXJ1	0.845	0.019	44.277	0.000
	CXJ2	0.771	0.022	34.484	0.000
	CXJ3	0.773	0.022	35.043	0.000

其中，专注维度中的题项 ZZ3 因子载荷为 0.368，低于 0.4 的标准值，予以删除。对予以删除 ZZ3 题项后的技能人才工作投入量表重新进行信度分析（见表 5－8）。

表 5－8　　　　工作投入量表信度检验结果

维度	题项	Estimate	S. E.	Est. /S. E.	P－Value
活力	HL1	0.731	0.028	25.871	0.000
	HL2	0.782	0.027	28.775	0.000
	HL3	0.567	0.036	15.878	0.000
奉献	FX1	0.727	0.027	26.829	0.000
	FX2	0.792	0.024	33.001	0.000
	FX3	0.750	0.026	28.988	0.000
专注	ZZ1	0.775	0.033	23.699	0.000
	ZZ2	0.667	0.034	19.550	0.000
	ZZ3	0.368	0.043	8.532	0.000

如表 5－9 所示，经删除后技能人才工作投入量表 8 个变量的因子载荷

在0.567～0.791范围内，同时在0.001的水平上显著，符合要求，且技能人才工作投入量表的组成信度CR等于0.8991，大于0.6，说明了技能人才工作投入量表具有很好的内部一致性。

表5-9　　调整后的工作投入量表信度检验结果

维度	题项	Estimate	S. E.	Est. /S. E.	P - Value
活力	HL1	0.732	0.028	25.870	0.000
	HL2	0.781	0.027	28.609	0.000
	HL3	0.567	0.036	15.846	0.000
奉献	FX1	0.726	0.027	26.783	0.000
	FX2	0.791	0.024	32.943	0.000
	FX3	0.751	0.026	29.035	0.000
专注	ZZ1	0.783	0.036	21.847	0.000
	ZZ2	0.662	0.036	18.451	0.000

其中，上级支持维度中题项SJZ1因子载荷为0.257，低于0.4的标准值，不符合要求，因此予以删除。对予以删除SJZ1题项后的组织创新氛围量表重新进行信度分析（见表5-10）。

表5-10　　组织创新氛围量表信度检验结果

维度	题项	Estimate	S. E.	Est. /S. E.	P - Value
任务特征	RWT1	0.762	0.024	32.089	0.000
	RWT2	0.790	0.022	35.237	0.000
	RWT3	0.719	0.026	27.330	0.000
	RWT4	0.689	0.028	24.517	0.000
同事支持	TSZ1	0.728	0.030	24.658	0.000
	TSZ2	0.771	0.028	27.256	0.000
	TSZ3	0.644	0.032	19.920	0.000
上级支持	SJZ1	0.257	0.044	5.793	0.000
	SJZ2	0.824	0.022	28.243	0.000
	SJZ3	0.818	0.022	36.917	0.000
	SJZ4	0.500	0.038	36.703	0.000

续表

维度	题项	Estimate	S. E.	Est. /S. E.	P - Value
组织支持	ZZZ1	0.765	0.034	22.409	0.000
	ZZZ3	0.749	0.035	21.682	0.000
	ZZZ4	0.531	0.040	13.127	0.000

如表 5 - 11 所示，经删除后组织创新氛围量表剩余 13 个变量的因子载荷在 0.486 ~ 0.832 范围内，同时在 0.001 的水平上显著，符合要求，且组织创新氛围量表的组成信度 CR 为 0.9329，远大于 0.6，说明经调整后组织创新氛围量表具有很好的内部一致性。

表 5 - 11　　调整后的组织创新氛围量表信度检验结果

维度	题项	Estimate	S. E.	Est. /S. E.	P - Value
任务特征	RWT1	0.762	0.024	32.036	0.000
	RWT2	0.790	0.022	35.205	0.000
	RWT3	0.719	0.026	27.339	0.000
	RWT4	0.689	0.028	24.520	0.000
同事支持	TSZ1	0.728	0.030	24.579	0.000
	TSZ2	0.773	0.028	27.217	0.000
	TSZ3	0.643	0.032	19.853	0.000
上级支持	SJZ2	0.827	0.023	36.641	0.000
	SJZ3	0.832	0.022	37.125	0.000
	SJZ4	0.486	0.034	12.996	0.000
组织支持	ZZZ1	0.760	0.034	22.113	0.000
	ZZZ3	0.754	0.035	21.846	0.000
	ZZZ4	0.534	0.040	13.322	0.000

（二）效度分析

1. 内容效度

本书所涉及的四个关键变量量表中，其中技能人才创新素质量表是本书开发的量表。该量表测量题项形成采用了扎根理论，在广泛参考国内外学者的研究、研读典型技能人才创新事迹相关材料并展开实地访谈，组织了由人力资源管理等领域的专任教师、多年技能人才管理经验的企业中层管理人员和一线作业技能人才组成的专家小组逐条对量表题项进行分析、甄别和补充。在形成初始量表后，又开展了预测试，剔除了影响量表信效的测项，并根据预测中的反馈情况对量表个别题项语言表述进行进一步修改，形成最终量表。因此技能人才创新素质量表的内容效度能够得到保障。而另外的三个量表创新绩效、工作投入、组织创新氛围，其量表的选取均是来自国内外成熟的量表，且在以往很多研究都验证了这些量表具有较高的信效度。

2. 收敛效度

与前面一样，本书采用平均变异抽取量（Average Variance Extracted，AVE）作为收敛效度的衡量指标。根据 AVE 取值大小判断观察变量的累积方差解释率是否超过误差方差，以此来测量同一变量不同问题的有效性程度。认为 AVE 值处于 0.3 ~0.5 范围内可以接受，大于 0.5 说明收敛效度良好。

由表 5 - 12 可知，创新绩效、工作投入、组织创新氛围 3 个变量的 AVE 值分别为 0.5492、0.5294 和 0.5216，均大于 0.5，收敛效度良好。总体而言，本章涉及的三个关键变量的收敛效度较好。

表 5 - 12　　收敛效度检验结果

变量	题项	Estimate	AVE
创新绩效	CXY1	0.757	0.5492
	CXY2	0.707	
	CXX1	0.613	
	CXX2	0.700	
	CXJ1	0.845	
	CXJ2	0.771	
	CXJ3	0.773	
工作投入	HL1	0.732	0.5294
	HL2	0.781	
	HL3	0.567	
	FX1	0.726	
	FX2	0.791	
	FX3	0.751	
	ZZ1	0.783	
	ZZ2	0.662	

续表

变量	题项	Estimate	AVE
组织创新氛围	RWT1	0.762	0.5216
	RWT2	0.790	
	RWT3	0.719	
	RWT4	0.689	
	TSZ1	0.728	
	TSZ2	0.773	
	TSZ3	0.643	
	SJZ2	0.827	
	SJZ3	0.832	
	SJZ4	0.486	
	ZZZ1	0.760	
	ZZZ3	0.754	
	ZZZ4	0.534	

3. 区分效度

与前面一样，区分效度采用比较每个变量的平均变异抽取量（AVE）的平方根与其他变量间的相关系数的大小来衡量变量测量表现出的差异化程度的大小（Simonni，1999）。如果衡量变量远大于其他变量，则说明不同变量之间具有较高的区分效度（Fornell & Larcker，1981）。

由表 5－13 可知，创新素质、创新绩效、工作投入、组织创新氛围 4 个变量中各阶因子的任何一个潜变量的 AVE 平方根都大于其潜变量的相关系数。因此，本书采用的 4 个变量之间存在足够的区分效度。

表 5－13　区分效度检验结果

变量	区分效度			
	创新素质	创新绩效	工作投入	组织创新氛围
创新素质	(0.6779)			
创新绩效	0.581	(0.7411)		
工作投入	0.596	0.581	(0.7276)	
组织创新氛围	0.510	0.468	0.518	(0.7222)

注：对角线为 AVE 的平方根值，下三角为变量间的相关系数。

二、同源偏差检验

与前面一样，本书采用 Harman 单因子检验法即利用主成分因子分析法进行同源偏差的检验。运用 SPSS 27.0 进行主成分因子检验，样本共析出创新素质、创新绩效、工作投入、组织创新氛围 4 个共同因子，与本书量表总数保持一致。按照特征值大于 1 的标准，将所有变量同时整体纳入进行整体分析并检验未旋转的因子分析结果，根据分析结果，第一个共同因子解释累积总方差的 25.512%，小于 50%，说明研究采用的数据不存在非常严重的同源偏差（Eby & Dobbins，1997）。

三、描述性统计与相关性分析

（一）描述性统计分析

与前面一样，本书运用极小值、极大值、均值、标准值、峰度和偏度对创新素质、创新绩效、工作投入以及组织创新战略 4 个变量关键变量的分布情况及总体趋势进行描述性统计分析，结果如表 5 - 14 所示。通过观察发现，量表极小值为 1.34 ~ 2.31，极大值为 5.00，均值分布在 3.9470 ~ 4.1650，标准差在 0.44429 ~ 0.59127，偏度绝对值在 0.885 ~ 2.141，峰度绝对值在 0.517 ~ 7.017。从分析结果来看，各量表的描述性统计数据符合预期，量表分布较为均匀，样本数据整体上呈正态分布趋势。

表 5 - 14　　描述性统计分析结果

变量	统计量	最小值	最大值	均值	标准差	偏度	峰度
创新素质	596	1.34	5.00	3.9470	0.44429	-2.141	7.017
创新绩效	605	1.86	5.00	4.1093	0.59127	-1.065	1.207
工作投入	602	1.25	5.00	4.1198	0.56402	-1.031	1.740
组织创新氛围	597	2.31	5.00	4.1650	0.48887	-0.885	0.517

（二）相关性分析

与前面一样，本书利用 SPSS 27.0 对正式调查获取的原始数据使用 Pearson 系数进行分析以检验变量之间的相关关系，得出相关系数如表 5-15 所示。根据分析结果以及 Pearson 系数值在 1 和 -1 之间分布表明的相关关系，可以得知，技能人才创新素质与其创新绩效之间显著正相关（$r=0.589$，$P<0.01$），由此 H5-1 得到初步支持；技能人才创新素质与其工作投入之间显著正相关（$r=0.614$，$P<0.01$），技能人才工作投入与其创新绩效之间显著正相关（$r=0.594$，$P<0.01$），由此 H5-2 得到初步支持；组织创新氛围与技能人才工作投入之间显著正相关（$r=0.562$，$P<0.01$）；组织创新氛围与技能人才创新绩效之间显著正相关（$r=0.474$，$P<0.01$）。另外，根据分析结果，本章所引入的控制变量性别、年龄、学历、职称、工龄并没有对相应的研究变量产生显著性的影响，因此在后续的分析中将不再引入（王辉和常阳，2017）。

表 5-15　相关性分析结果

变量	创新素质	创新绩效	工作投入	组织创新氛围	性别	年龄	学历	职称
创新素质	—							
创新绩效	0.589**	—						
工作投入	0.614**	0.594**	—					
组织创新氛围	0.510**	0.474**	0.562**	—				
性别	-0.097*	-0.113**	-0.088*	-0.087*	—			
年龄	-0.037	-0.045	-0.083*	-0.059	-0.083*	—		
学历	-0.020	0.015	-0.007	-0.017	0.027	0.079	—	
职称	0.019	-0.012	-0.046	-0.049	0.082*	0.399**	0.247**	—

注：性别：1=男，2=女；年龄：1=25 岁及以下，2=26~35 岁，3=36~45 岁，4=46~55 岁，5=56 岁及以上；学历：1=高中及以下，2=中专，3=大专，4=本科及以上；职称：1=初级工，2=中级工，3=高级工，4=技师，5=高级技师。** 表示在 0.01 的水平上显著，* 表示在 0.05 的水平上显著。

四、研究假设检验

与前面一样，本书运用 MPLUS 8.1 软件采用全模型分析方法来验证四个假设。首先，通过路径分析，运用极大似然估计法来就技能人才创新素质对其创新绩效的直接效应进行验证；其次，根据 Mathieu 和 Taylor（2006）提出的比较模型检验步骤，运用乘数乘积法来对技能人才工作投入的中介效应进行检验；最后，根据 Edwards 和 Lambert（2007）提出的有调节的中介模型检验程序，来对组织创新氛围的调节效应以及有调节的中介效应进行检验。

（一）直接效应检验

应用结构方程（SEM）分析法，检验技能人才创新素质对其创新绩效的直接影响。根据前面对技能人才创新素质和其创新绩效之间关系提出的假设，构建如图 5－2 所示的直接效应模型。

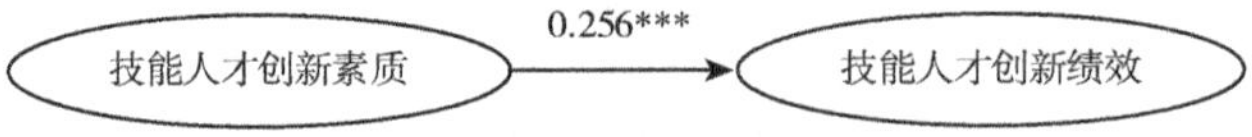

图 5－2　技能人才创新素质对其创新绩效的直接效应

注：* 表示 P<0.05，** 表示 P<0.01，*** 表示 P<0.001，N=564。

对该模型的路径分析结果显示，技能人才创新素质对其创新绩效的直接效应系数显著（β=0.256，P<0.001），这说明了技能人才创新素质对其创新绩效具有显著的正向影响。H5－1 得到验证。

（二）中介效应检验

第一，检验工作投入对创新素质与创新绩效之间关系的中介效应。本书采用了 Baron 和 Kenny（1986）提出的检验步骤。首先，当控制了性别、年龄、学历和职称变量后，将创新素质对创新绩效进行回归分析，β=0.598，P<0.001，证明了创新素质对创新绩效有显著影响；其次，创新素

质对工作投入进行回归分析，β =0.616，P <0.001，证明创新素质对工作投入有显著影响，H5 -2a 得到支持；最后，同时放入创新素质和工作投入对创新绩效进行回归分析，创新素质（β =0.378，P <0.001），内生动机（β =0.357，P <0.001）显著影响创新绩效，H5 -2b 得到支持，且表5 -16 模型3 中创新素质的回归系数（β =0.3780）小于模型1（β =0.598）的回归系数，满足部分中介要求，如表5 -16 和图5 -3 所示。

表5 -16　工作投入对创新素质和创新绩效之间关系的中介作用

模型	因变量（创新绩效）		
	模型1（创新绩效）	模型2（工作投入）	模型3（创新绩效）
创新素质	0.598***	0.616***	0.378***
工作投入			0.357***
F值	3328.925***	360.769***	228.576***
R^2	0.358	0.379	0.437
调整 R^2	0.356	0.378	0.435
ΔR^2			0.079

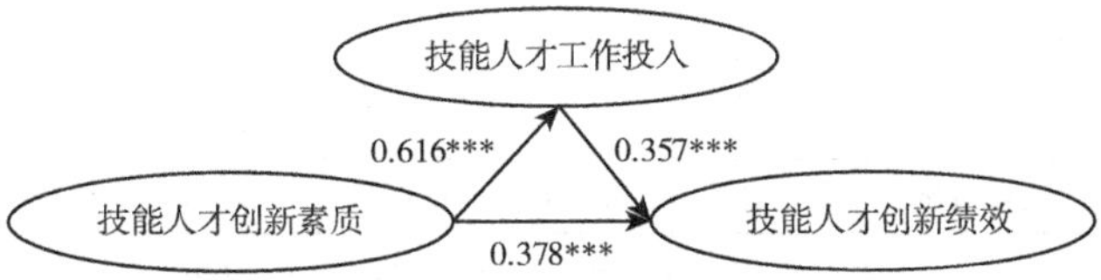

图5 -3　技能人才工作投入的中介效应

注：* 表示 P <0.05，** 表示 P <0.01，*** 表示 P <0.001，N =589。

为了进一步检验工作投入对创新素质和创新绩效之间关系的中介作用，需要对中介效应的显著性进行检验。Bootstrap 方法适用于中小规模的样本检验，在95% 置信区间是否包含0 来判定中介效应是否显著（Mackinnon et al.，2002）。本书采用 MPLUS 7.0 软件分析进行路径分析，采用 Bootstrap（1000）方法。检验结果表明，创新素质通过工作投入对创新绩效影响的标准化间接效应95% 置信区间（0.170，0.270）不包含0，所以工作投入的中介效应显著，具体检验结果（见表5 -17）。

表 5-17　　　　工作投入中介效应的 Bootstrap 分析

自变量	中介变量	因变量	完全标准化间接效应	95%置信区间	
				下限	上限
创新素质	工作投入	创新绩效	0.224	0.170	0.270

（三）被调节的中介效应检验

Edwards 和 Lambert（2007）指出，当中介效应受到调节变量的影响时，就形成了被调节的中介模型。本书按照 Edwards 和 Lambert（2007）所提出被调节的中介检验程序及温忠麟和叶宝娟（2014）所提出的依次检验法来进行检验，即判断标准为 a_1b_2、a_3b_1、a_3b_2 三组系数乘积中，只要有一组不为 0，则中介效应被调节，分析结果如表 5-18 所示。

表 5-18　　　组织创新氛围对中介效应的调节作用分析结果

变量	第一阶段（因变量 = 工作投入）			第二阶段（因变量 = 创新绩效）		
	β	SE	P	β	SE	P
创新素质	-0.392	0.409	0.337	0.369	0.371	0.320
组织创新范围	-0.659	0.454	0.147	-0.001	0.335	0.998
工作投入				0.302***	0.049	0.000
创新素质×组织创新范围	0.247*	0.107	0.021	0.031	0.084	0.715

注：* 表示 $p<0.05$；** 表示 $p<0.01$；*** 表示 $p<0.001$；N=566。

表 5-18 的分析结果表明，在组织创新氛围对中介效应的调节作用中，创新素质对创新绩效影响的路径系数值分别为：$a_1=-0.309(P<0.001)$、$a_3=0.204(P<0.05)$、$b_1=0.302(P<0.001)$；由于路径系数 a_3 为 0.204，b_1 为 0.302，即 a_3b_1 不等于 0，因此，组织创新氛围对中介效应的调节作用存在。另外，由于本书的调节效应为“只调节中介效应的前半路径”，因此，$b_2=0$。根据中介效应的计算公式：

$$Me=(a_1+a_3U)(b_1+b_2U)。$$

当 $b_2=0$ 时，$Me=a_1b_1+a_3b_1U$，其中，Me 为中介效应，U 为调节效应。

将创新素质对创新绩效影响的路径系数值 $a_1 = -0.309$、$a_3 = 0.204$、$b_1 = 0.302$ 代入计算公式得：

$$Me = 0.309 \times 0.302 + (0.204 \times 0.302)U$$
$$= 0093 + 0.061U。$$

由于调节效应 U 的系数为负（0.061），说明组织创新氛围正向调节工作投入对创新素质和创新绩效之间关系的中介作用。具体而言，组织创新氛围越高，创新素质通过工作投入对创新绩效的积极影响越强，因此 H5－3 得到验证，如图 5－4 所示。

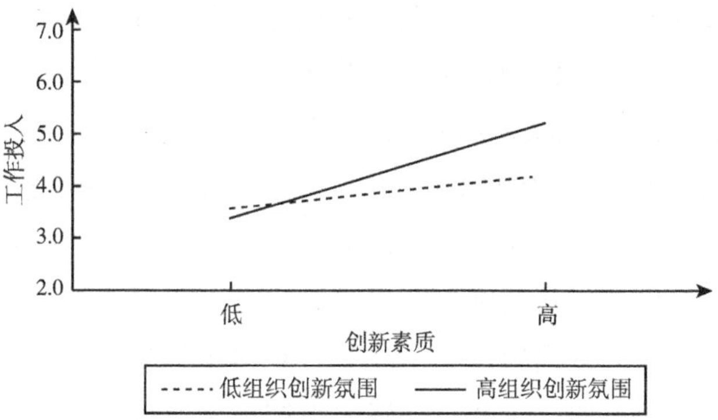

图 5－4　组织创新氛围的调节效应

本章小结

本章是研究的具体开展，分析技能人才创新素质与其创新绩效作用机制，验证技能人才创新素质激发理论框架中创新绩效、工作投入等结果变量的影响。首先，根据理论模型提出研究假设，分析工作投入、创新素质与创新绩效的关系及组织创新氛围的调节作用；其次，设计问卷，在量表预测试的基础上，验证各量表的科学性；最后，开展大规模问卷调查，实施信效度检验、同源偏差检验、描述性统计与相关性分析等数据分析，检验直接效应、中介效应、被调节的中介效应等研究假设，得出研究结论。

研究结果表明，第一，技能人才创新素质与其创新绩效显著正相关，且技能人才创新素质对其创新绩效的直接效应也显著，说明技能人才创新素质对其创新绩效具有显著的正向影响。有着较高创新素质的个体会主动搜索并整合多种信息，产生偏离常规的新的思想，创造相关的技能进而影响创造性的产生。第二，技能人才工作投入在其创新素质与创新绩效之间起部分中介作用，即技能人才创新素质通过影响其工作投入继而影响技能人才创新绩效。工作投入本身是一种积极的情绪，这种情绪能够产生正向能量，影响个体的心理状态。创新素质较高的技能人才通常会抓住每次机会，付出超出工作要求之外的努力和尝试，积极参与和提出新的工作方式，而这种积极参与的心理状态对技能人才创造力具有正向影响。此时，创新素质通过工作投入中介作用，对创新绩效产生影响。第三，组织创新氛围的调节作用显著，组织创新氛围在技能人才创新绩效与其工作投入之间起正向调节作用，即与低组织创新氛围相比，在高组织创新氛围的环境中，技能人才创新素质对其工作投入的影响更大。创新氛围能为员工创新想法的提出与实现提供了创新灵感与拓展平台，正确引导着技能人才的创新方向，渗透于创新活动过程的每一个环节。获得组织支持的技能人才工作满意度比较高、离职意向比较低，良好的组织创新氛围能够促进他们表现出更多的创造性行为。

第六章

技能人才创新素质激发机制及对策

第一节　技能人才创新素质激发机制构建

一、激发机制的内涵

机制一词最早出现在《辞海》中，主要说明机器所包含内部构造与工作原理。激发主要是从人本理论的角度追求管理活动的人性化，而机制的追求则是管理活动的制度化。管理实践中追求人性化与制度化的平衡是激发机制的目标所在。激发机制中激发管理人行为的感性层面，机制则强调人行为的理性层面。激发机制是一种建立在制度化基础上的，强调以人为中心的人力资源管理理论。

激发机制是指激发主体通过一定的制度、方法和激励手段，依靠所处的激发环境，促使激发客体工作目标最大化的过程。具体而言，是指基于技能人才的内在需要与外在需要，在系统设计与创新工作全流程的基础上，通过实施适当的激发措施或对现有工作内容与工作环境进行调整，来激励、引导、规范、维持技能人才创新素质，最终实现技能人才的个体目标与提高个体创新的行为绩效。

技能人才创新素质激发机制是一组反映技能人才创新素质激发主客体之间相互作用的合理制度，技能人才创新素质激发机制的内涵是构成相互作用系统的几个方面的要素。其主要有三个方面：一是诱导因素的结合。

为了调动技能人才积极发挥其自身创新素质，对技能人才物质奖励、精神鼓励等诱导资源，通过对技能人才的需求进行分析预测，设计诱导模式从而激发技能人才创新素质。二是行为引导制度。为了实现创新目标，努力使每个技能人才都具备大局观和整体观，对技能人才提出期望的同时还对技能人才的奋斗目标、努力程度、行为理念、价值观念等进行限定。三是行为时空制度。在时间、空间两个方面通过控制行为幅度，通过一定的工作时间和有效空间范围对技能人才行为进行限定，改变一定的创新素质与一定的创新绩效之间的关联性，或者改变奖酬本身的价值，来调整技能人才的努力程度。

二、实证结果对技能人才创新素质激发机制设计的影响

（一）变革型领导与技能人才创新素质作用机制的影响

创新的主体是人，个体兴趣、参与活动的热情、工作中的挑战以及满意度都会影响技能人才动机的形成，促使其热爱专业和全身心工作。人的主观能动性只有热爱才能够驱动，技能人才的创新素质也只有持之以恒的创新激情和坚忍不拔的坚持坚守才能激发。变革型领导善于关注和发掘技能人才的内在需求，通过提供情感支持、公平评价员工、鼓励并及时反馈员工的建言等行为激发技能人才的内在动机，对技能人才创新素质产生重要的影响。此时，变革型领导通过内生动机中介作用，对创新素质产生影响。企业也需要实事求是地对自身状态进行定位、对外部环境进行研判，制定符合发展实际的创新战略。在组织战略中，包括探索式和利用式创新战略。在我国，由于还处在战略升级的起步阶段，并且中国地大物博，从中华技能大赛获得者的先进事迹报道中可以看出，很多机器设备在使用过程中，需要根据我国的实际情况进行技术技能改良，因此技能人才较为集中的制造业等行业企业以利用式创新为主要的创新战略。领导者作为企业创新战略的主要制定者，对企业战略的选择有重要影响。此时，组织利用式创新战略调节影响上述变量关系。

经过本书第四章对以上研究假设进行实证分析，通过实证分析验证了变革型领导与技能人才创新素质显著正相关（$\beta = 0.456$，$P < 0.001$），且变革型领导对技能人才创新素质的直接效应也显著（$\beta = 0.215$，$P < 0.001$），说明变革型领导对技能人才创新素质具有显著的正向影响。第四章数据分析结果显示，技能人才内生动机的中介效应系数为 0.285，且在 0.001 的水平上显著，说明技能人才内生动机在变革型领导与技能人才创新素质之间起部分中介作用，即变革型领导通过影响技能人才的内生动机继而影响其创新素质。根据分析结果，组织利用式创新战略的调节作用是显著的，说明组织利用式创新战略在变革型领导与技能人才内生动机之间起正向调节作用，即与低组织利用式创新战略相比，在高组织利用式创新战略的环境中，变革型领导对技能人才内生动机的影响更大。从研究数据分析结果来看，引入组织创新战略到基础模型中，调节中介的作用是存在的，且调节的中介作用系数为 0.018。这说明当组织利用式创新战略越高时，技能人才内生动机在变革型领导与技能人才创新素质之间所起的中介效应越大，而当组织利用式创新战略水平变低时，中介效应变低。因此，第四章提出的所有假设都得到了验证，具体结果如表 6－1 所示。

表 6－1　变革型领导与技能人才创新素质作用机制研究假设检验结果

假设	内容	结果
H4－1	变革型领导对技能人才创新素质有显著正向影响	支持
H4－2a	变革型领导对技能人才内生动机具有显著的正向影响	支持
H4－2b	技能人才内生动机对其创新素质具有显著的正向影响	支持
H4－2	技能人才工作内生动机在变革型领导影响技能人才创新素质过程中起中介作用	支持
H4－3	组织利用式创新战略正向调节技能人才内生动机对变革型领导和技能人才创新素质之间关系的中介作用	支持

（二）技能人才创新素质与其创新绩效作用机制结论的影响

工作投入、组织创新氛围和创新绩效构成创新素质引导机制。技能人才的个人创新素质显著正向影响其个人创新绩效，有着较高创新素质的个体会主动搜索并整合多种信息，产生偏离常规的新的思想，创造相关的技能进而影响创造性的产生。工作投入是一种蕴含正能量的积极情绪，能够让个体的心理状态乐观向上。创新素质较高的技能人才能够对每一次机会进行创新尝试从而正向推动技能人才创造力的形成。此时，创新素质通过工作投入中介作用，对创新绩效产生影响。创新氛围贯穿创新活动的始终，为技能人才的创新构造环境、指明方向。获得组织支持的技能人才工作满意度比较高、离职意向比较低，良好的组织创新氛围能够促进他们表现出更多的创造性行为。此时，组织创新氛围调节影响上述变量关系。

经过本书第五章对以上研究假设进行实证分析，通过实证分析验证了技能人才创新素质与其创新绩效显著正相关（$\beta=0.598$，$P<0.001$），且技能人才创新素质对其创新绩效的直接效应也显著（$\beta=0.256$，$P<0.001$），说明技能人才创新素质对其创新绩效具有显著的正向影响。第五章的数据分析结果显示，技能人才工作投入的中介效应系数为0.357，且在0.001的水平上显著，说明技能人才创新素质通过工作投入的部分中介作用对创新绩效产生影响，即技能人才创新素质通过影响其工作投入继而影响技能人才创新绩效。根据分析结果，组织创新氛围的调节作用是显著的，说明组织创新氛围在技能人才创新绩效与其工作投入之间起正向调节作用，即与低组织创新氛围相比，在高组织创新氛围的环境中，技能人才创新素质对其工作投入的影响更大。从研究数据分析结果来看，引入组织创新氛围到基础模型中，调节中介的作用是存在的，且调节的中介作用系数为0.061。这说明当组织创新氛围越高时，技能人才工作投入在其创新素质与创新绩效之间所起的中介效应越大，而当组织创新氛围水平变低时，中介效应变低。经过以上数据分析，第五章提出的所有假设都得到了验证，具体结果如表6-2所示。

表6-2　技能人才创新素质与其创新绩效作用机制研究假设检验结果

假设	内容	结果
H5-1	技能人才创新素质对其创新绩效有显著正向影响	支持
H5-2a	技能人才创新素质对其工作投入具有显著的正向影响	支持

续表

假设	内容	结果
H5 - 2b	技能人才工作投入对其创新绩效具有显著的正向影响	支持
H5 - 2	技能人才工作投入在技能人才创新素质影响其创新绩效过程中起中介作用	支持
H5 - 3	组织创新氛围正向调节技能人才工作投入对其创新素质和创新绩效之间关系的中介作用	支持

三、技能人才创新素质激发整体机制

结合本书第二章文献计量的个体、组织、国家层面技能人才创新素质关系模型和第三章技能人才创新素质内容结构，构建出如图6－1所示的技能人才创新素质激发系统整体机制。个体层次的变革型领导、内生动机、工作投入和创新绩效变量以及组织层次的组织创新战略、组织创新氛围构成了技能人才创新素质内部激发系统。其中，变革型领导、内生动机和组织创新战略构成创新素质诱导机制。工作投入、组织创新氛围和创新绩效构成创新素质引导机制。国家层面的政策法律、社会文化、知识管理、财政金融和公众认可变量构成了技能人才创新素质外部激发系统，为技能人才创新素质激发提供资源保障，形成支持机制。

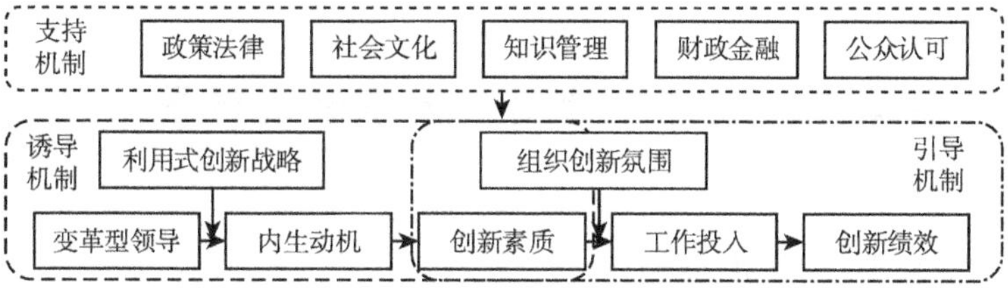

图6－1　技能人才创新素质激发整体机制

诱导机制、引导机制和支持机制共同构成创新素质激发模型。创新素质诱导机制具有素质激发导航功能，技能人才创新素质的激发选择意向完全是由创新素质的诱导机制所决定的。诱导越强说明技能人才选择激发创新素质的意愿越强，诱导越弱说明技能人才选择激发创新素质的意愿越弱。

创新素质引导机制是技能人才实施创新的行为要素。诱导机制和引导机制共同构成了技能人才创新素质企业激发机制，是创新素质活力的根本动力，决定着创新的性质和发展方向，是决定技能人才创新行为实施效果的企业内部决定因素。技能人才创新素质支持机制则是企业外部影响因素，确保创新素质激发的重要外部条件，对于技能人才创新起到加速或延缓的作用。三个机制构成了技能人才创新素质激发整体机制。

阮爱君（2011）站在激励系统的角度就员工创新素质在不同创新激励方式下做出了实证研究，结果表示，当内在激励水平高时激发员工创新素质；当内在激励低水平时，不影响员工创新行为。技能人才创新素质激发的诱导机制将会放大或者缩小创新素质引导功能，积极正向的诱导机制将会对引导机制起到助推的作用。诱导机制对支持机制的功效也会起到调节的作用，积极正向的诱导机制将会使员工更积极、乐观地看待周围的环境资源，甚至会在环境支持不足的情况下选择创新行为。技能人才创新素质支持机制对员工创新行为的引导机制产生影响，强大的诱导机制将对技能人才创新意愿的形成产生积极的正向影响。例如，技能人才具有较好的创新素质，同时对自己创新行为的选择更有信心，那么将会直接影响员工创新行为选择意愿；反之，如果技能人才个人创新素质较低，对自己的创新也没有信心，那么他的创新意愿也会受到消极的影响。

第二节　技能人才创新素质激发诱导机制

一、诱导机制整体模型

创新的主体是人，个体兴趣、参与活动的热情、工作中的挑战以及满意度都会影响技能人才动机的形成，促使其热爱专业和全身心工作。人的主观能动性只有热爱才能够驱动，技能人才的创新素质也只有持之以恒的创新激情和坚忍不拔的坚持坚守才能激发。变革型领导善于关注和发掘技能人才的内在需求，通过提供情感支持、公平评价员工、鼓励并及时反馈员工的建言等行为激发技能人才的内在动机，对技能人才创新素质产生重要的影响。变革型领导通过内生动机中介作用，对创新素质产生影响。同时企业也需要对自身所处竞争领域的地位和外部环境的变化情况审时度势，制定与自身发展相匹配的创新战略。领导者作为企业创新战略的主要制定者，对企业战略的选择有重要影响。此时，组织创新战略调节影响上述变量关系（见图6－2）。

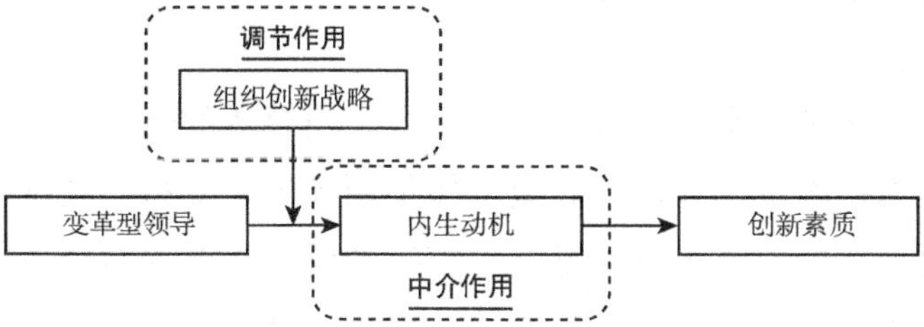

图6－2　技能人才创新素质诱导机制

二、诱导机制具体对策

（一）积极倡导变革型领导方式

技能人才的态度、行为、创新活动及企业的氛围被创新活动决策者领导的风格和领导行为深刻地影响着。实证研究的结果显示，变革型领导对技能人才创新素质正向显著支持。领导风格并非定式，领导者可以根据管理需要对技能人才的领导方式向变革型倾斜，在此过程中领导者需要通过加强与下属的联系来体现变革型领导的领导魅力、领导感召力、智力激发和个性化关怀。领导者为技能人才揭示创新价值的方式有两种：一种是通过帮助技能人才明确其在组织创新系统中“创新角色”的定位；另一种是帮助技能人才尊重其自身“创新角色”的身份，以此来使技能人才勇于创新、善于创新、乐于创新于组织公平、组织信任、组织支持的良好氛围之中。

首先，重视提升管理者的领导魅力。组织领导者需要积极利用领导魅力来合理转化领导方式，引导企业实现发展。领导者需要精确考察每个技能人才的工作愿景，并为不同的工作愿景制定相匹配的企业经营目标来保证两者之间不相冲突，促进个体与企业在保持共同认同感的基础上最大限度地把技能人才潜在的创造力发挥出来。企业组织结构的完善和凝聚力的形成需要领导者通过培养自身独特的领导魅力予以促进，从而为技能人才创新行为的产生创造条件。这就需要领导者将自己的为人处世风格等领导方式进行转化，并使这种转化能够积极影响技能人才创新绩效的提升。随着领导魅力的提升，经过时间和经验的积累组织机构的凝聚力会被强化、创新行为的产生会被促进，这些条件的成熟，必然会推动技能人才主动提升创新素质。

其次，强化对技能人才的领导感召力。领导者的创造力支持行为会对技能人才的创新素质产生直接效应。如果领导者想支持技能人才通过内生动机投入提高自身创新素质的意图，领导者就要注意为技能人才创造力提供支持的方式方法及其支持行为所传达出来的信号。领导与下属进行及时有效的沟通交流要贯穿于企业实际经营的全过程，以此来了解各阶段员工不同的个性化需求，以便于主动、全面地为技能人才解决实际问题来促进其职业特长的发挥。领导者建立起有效的内部沟通平台，一方面是为了加深技能人才对领导风格的理解以避免因为理解上的差异而产生认同差异；另一方面是为了领导的处事原则能够被技能人才更加科学地认知到，从而达到激发技能人才创新的目标。

再次，主动促进技能人才智力激发。领导者应着重在学习力的提升方面为技能人才提供创造力的相关支持，以此来推动技能人才自发地开展创造性活动。研究发现，对学习保持好兴趣和好奇心既能使技能人才更容易找到解决问题的新创意和新方案，又能使技能人才的认知灵活性增强。需要注意的是，要警惕技能人才因领导者提供足够多的支持产生的工作依赖，领导者在对技能人才提供支持的同时还要考察或监督技能人才是否能够依靠自身的能力来完成工作。因此，领导者在提供支持时要切记既不能急功近利也不能过分功利，尽量多采用激发技能人才独立自主完成工作的支持手段，规避类似一求就应的简单支持手段。领导者智力激发的主要支持手段应着眼于提供机会帮助技能人才实现自我突破和自我提升，增强技能人才在工作中面对挑战的意愿与勇气，并提高其认知水平、培养其创造性素质于完成挑战性工作任务的过程。

最后，积极提供多样化个性化关怀。领导者要多途径对技能人才提供个性化或个别化的关怀，一是积极主动地加强与技能人才的联系来建立两者之间朋友式的信任与互助关系；二是积极通过各种途径表达自己的想法与思路；三是将目标愿景及时传达给组织或团队；四是认真倾听技能人才的诉求；五是有效引导和促进下属之间、团队之间进行交流，碰撞出创新思维的火花。领导者通过建立起经常性的沟通机制，可以帮助技能人才有效提高专业水平和自身素质，可以帮助企业在复杂的经济环境中正确决策，可以帮助企业通过形成特定的创新模式来提升企业的核心竞争力。与此同时，领导者还可以提供一些诸如：如何增强创造性技能、如何搜集相关领域知识等相关培训来帮助技能人才提高创新素质。领导者通过给予技能人才以人性化的关怀来努力营造愉快的工作环境，为技能人才创新素质的激发创造条件。

（二）提升技能人才的内生动机

内生动机是技能人才发动和维持创新素质的源泉。研究结果显示，内生动机不仅显著正向影响其创新素质，并且在变革型领导影响技能人才创新素质过程中起中介作用。在创新性活动中，技能人才发自内心地享受为复杂问题找到解决方法、为完成工作任务创造了新的程序、为现有流程或产品进行了改进等的过程与结果。在传统观念的影响下，技能人才大多更愿意保守地选择遵循现有工作方式，少有技能人才会考虑对现有工作流程或产品予以改进或创新并能享受其中。因此，企业要制定各种措施来鼓励技能人才对现有工作流程或产品予以改进或创新，在享受此过程或结果中技能人才的创新素质也随之得到提升。

首先，增强技能人才对工作的兴趣。当工作本身而非外在的奖励产生内生动机时，技能人才较高的工作动机就能随之产生。因此一旦工作的兴趣被技能人才感知到时，工作任务的挑战性不再是困难而是技能人才克服困难与挑战的内生动机，同时也更加愿意主动发挥自身的创造力、尝试不同的方案，投入更多精力与时间来解决问题。因此，企业可以为技能人才在工作之中或之余对一些有趣的工作任务进行适当安排，激发技能人才产生克服困难与挑战的内生动机。为提高某项工作效率，企业可以开展诸如金点子或创意比赛之类的活动，并通过对新颖而有用点子进行奖励的形式吸引技能人才出谋划策。为增加技能人才工作的趣味性，企业还可以举办一些诸如以团队为单位的方案策划等比赛。

其次，授予技能人才一定的权限。让技能人才适当地独立承担一项完整的任务来增强其心理授权，这种独立完整完成工作后的成就感能促使技能人才努力。企业主要的创新诱导方式是激发技能人才的职业兴趣和自我成就感，技能人才对职业的热爱感和归属感主要通过企业对其在工作上的授权等方式获得，企业通过创新导向目标的设置来推动技能人才不断挑战职业上已经取得的成就，用创新来实现职业上的新成就。研究发现，当员工感知到较高的心理授权时，会增强其创新性内生动机，创新力也会得到提高。组织中的个人会因有效完成上级交办的任务而认为自己的努力有价值，由此会产生强烈的荣誉感和成就感。荣誉感和成就感的产生会让技能人才觉得自己具有一定的影响力，这样会促使技能人才在组织中更加积极主动地工作，甚至发挥创造力来适当地调整工作流程和工作方式。

再次，培养技能人才的开放性。技能人才的创造性内生动机的激发可以通过企业培养其开放性来实现。企业较高创造力要求的岗位在招聘人员时往往会优先选择开放性高的人员，这些人员更加富有想象力、更加具有开拓思维、更加充满好奇心，因此他们往往更愿意去主动追求与众不同的、新的经历。与被动接受不同经历的一般技能人才相比，他们的不同点是：开放性高的技能人才总是保持着持续不断好奇心于新鲜的、陌生的工作或情境领域。基于此，主动寻求更多机会来体验新的经历、挑战多样化的工作是开放性高的技能人才的追求和喜好，在享受工作的状态中更容易激发出他们创造性的内生动机，创新素质更能得到提高。

最后，改善技能人才的工作环境。舒适工作环境的营造能激发技能人才的创造性内生动机，因此企业可以通过诸如让技能人才自由布置自己的办公区域等方式来优化工作环境，激发他们的创造性动机。例如，由于工作性质的特质，实际动手操作对电工、钳工、泥工等不同工种的技能人才的工作非常重要，尊重其意愿来让他们对各自的工作区域自由布置，更有利于激发和保持他们的创造性动机。除此之外，企业还可以贴心地提供点心、饮料等在技能人才工作的休息时间和休息场所。企业要充分结合技能人才的需求层次及其当前或今后的需求深入考察来支持技能人才内生动机的形成，并根据考察情况具体问题具体分析来制定个性化策略激励技能人才创新。

（三）建立完善的组织创新战略

组织创新战略的实施是一种组织层面的、高层次的、长远的、具有战略眼光的管理策略，创新战略表明了企业具有前瞻性的发展方向。实证研究结果显示，组织利用式创新战略不仅在变革型领导对技能人才内生动机的关系中起着正向调节作用，而且组织利用式创新战略正向调节技能人才内生动机对变革型领导和技能人才创新素质之间关系起中介作用。在选择与实施创新战略时，我国企业应紧密结合当前国情实际来努力克服产品、资金及人力等方面的不足，在最大效率地利用企业技术创新外部机遇的基础上设计出与企业战略目标相匹配的技术创新行动方案。

首先，设定整体创新战略目标。以组织技术状况、资源能力为基础，确定企业长期目标，体现企业能够达到的技术创新水平。在长期目标的技术上进行阶段性划分，确定企业短期目标。两大目标相互配合，共同组成组织整体战略目标。由于创新活动是能为企业带来巨大的收益和好处的一种资源投入行为，因此能否为企业带来收益是选择和实施企业战略过程中首先要考虑的问题。我国目前大多数企业往往规模小、决策快速、经营环境复杂，因此在考虑组织战略选择时需要以灵活性为目标，要充分发挥中小企业的灵活优势，降低技术创新成本。同时，技术创新战略是为了在推动技能人才创新的同时帮助企业获得更大成长动力，更多强调企业自身掌握关键、核心的知识与技术，要正确认识和理解其必要的时间周期以确保企业的发展可持续。

其次，增加企业技术创新投入。应持续加大技术创新方面的各种投入，通过拓展企业创新战略规划中的内容强化核心技术优势来推动核心竞争力的形成。围绕着企业主要业务的相关技术进行研究和开发，同时跟进其他细分市场领域的高端技术，为今后公司进入高端市场做好技术储备。还要注重通过加大营销方面的投入来推动技能人才主动用好市场杠杆，引导技能人才更加积极地去挖掘客户的潜在需求、明确未来的创新方向，瞄准各个产品线精确设计技术发展路线图。加大人员和资源投入来研究和梳理技术创新的相关流程和制度，以提高创新效率为目标整合出最佳的创新实践路径。

再次，优化组织创新战略路径。在技术定位的基础上，选择企业创新战略。要根据企业所处的成长阶段，以及拥有的技术水平、企业特征和组织结构，因地制宜地设计组织技术创新路径，在路径选择过程中要充分考虑企业发展长期目标是否相一致。企业可根据自身实际情况选择合作型、自主型以及模仿型创新战略，在独立研究的基础上将自主创新成果转化为生产过程中的设计与工艺。在购买引进的基础上，逐渐降低模仿程度，以便企业加快吸收、直接进行技术集成与组合的方式批量化开展生产，实现创新产品的输出。

最后，重视产品开发过程管理。新产品能否快速、高效地推进，对于企业能否成功具有重要作用。由于企业可利用的资源有限，再加上技术开发的风险较高，因此达到在有限开发支持下最大化产出率的目标成为技能人才创新团队在项目选择时要完成的一项至关重要的任务。企业需要建立技术开发项目评估系统来为新产品的成功开发提供保障，通过最大化获得新产品项目投入的利益来保证技术研发方向与企业战略相融，也才能够为维持企业持续的竞争优势提供强有力支持。

第三节　技能人才创新素质激发引导机制

一、引导机制整体模型

工作投入、组织创新氛围和创新绩效构成创新素质引导机制。技能人才的个人创新素质显著正向影响其个人创新绩效，有着较高创新素质的个体会主动搜索并整合多种信息，产生偏离常规的新的思想，创造相关的技能进而影响创造性的产生。工作投入本身是一种积极的情绪，这种情绪能够产生正向能力，影响个体的心理状态。创新素质较高的技能人才通常会抓住每次机会，付出超出工作要求之外的努力和尝试，积极参与和提出新的工作方式，而这种积极参与的心理状态对技能人才创造力具有正向影响。创新素质通过工作投入中介作用，对创新绩效产生影响。创新氛围能为员工创新想法的提出与实现提供创新灵感与拓展平台，正确引导着技能人才的创新方向，渗透于创新活动过程的每一个环节。获得组织支持的技能人才工作满意度比较高、离职意向比较低，良好的组织创新氛围能够促进他们表现出更多的创造性行为。此时，组织创新氛围调节影响上述变量关系（见图6－3）。

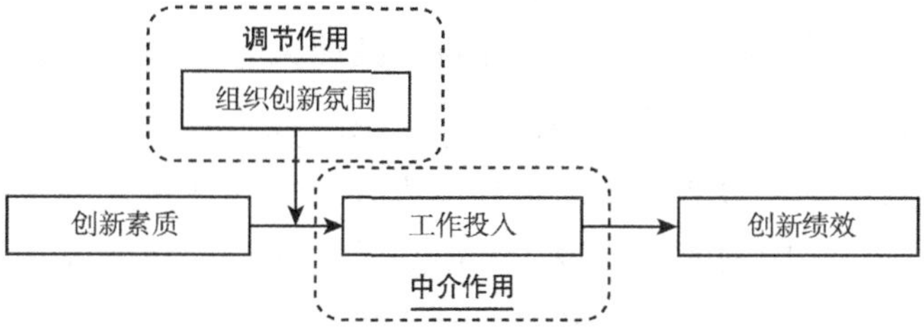

图6－3　技能人才创新素质引导机制

二、引导机制具体对策

（一）健全人才的绩效评价机制

绩效评价机制是考评技能人才创新绩效的依据。企业要想不断获得创新产出，提升创新绩效，不仅需要技能人才具有创新意愿和创新能力，还需要技能人才积极地实施创新行为，产生促进企业发展的创新结果。绩效评价机制规范能够通过促进技能人才的工作投入来提高其工作质量及效率，使技能人才个人的发展同组织创新目标的实现相统一。在日常管理中应采用结果与过程并重的评价方法评价技能人才的创新绩效，重视对创新过程的评价。企业应该通过构建科学有效的创新绩效管理机制让技能人才参与管理企业的方式来提升其工作投入水平，以此尽可能激发出技能人才创新潜能，促使技能人才创造出最佳的工作绩效。同时，企业还应该构建创新绩效反馈系统来反馈每个阶段技能人才创新绩效的考评结果。

首先，增进开放心态提升创新意愿。创新意愿是技能人才开展创新活动的重要影响因素，企业制订正确的管理制度对于技能人才创新意愿的提升具有重要影响作用。制订正确管理制度的前提是企业要接受每个技能人才所具有的不同的需求、态度、人格及其他个性化特质，认同技能人才个体之间的差异。在此基础上，将积极乐观及平和心态作为技能人才工作和为人处世过程中重点培养的素养，使企业中积极的创新因素能为技能人才洞察和感知。并通过联络员制度加强企业内部的联系以降低甚至弱化企业中的不利于创新的消极因素，打造技能人才创新的协同力来充分激发其创新意愿、促进其创新行为，最终推动企业创新战略目标的实现。

其次，加强学习提高创新能力建设。技能人才创新能力是技能人才取得符合组织目标创新成果的基础保障，企业应注重技能人才能力建设，提升技能人才对自主学习的认知。对技能人才的能力建设，不应局限于工作能力，而应进行全面的能力建设。其中最重要的是让技能人才掌握学习的主动权，自主制定学习内容，及时对结果进行评价，不断提高自身能力水平。企业应该鼓励技能人才在工作中敢于尝试新的思路和新的方法，在对内部技能人才创新素质扩展等环节应加大对技能人才创新能力的重视和培养力度，力求以创造性的方式完成各项工作，通过授予富有挑战性的工作激发创新能力，就是让技能人才工作潜能得以充分释放和发挥。

再次，转变观念促进创新行为产生。企业有针对性地帮助技能人才提高对创新必要性和重要性的认识，可以通过开展创新展览和创新竞赛等活动来实现，认识得到提高后的技能人才会因此转变观念而积极参与企业创新实践。转变技能人才对创新的认识，人人都可以成为创新者。企业还可以结合技能人才自我发展的需要建立健全的培训体系，通过理论讲授和实践实训帮助技能人才提升技能和认识，促进技能人才的创新工作观念和状态从依赖、被动转变为独立、主动。工作实际中应鼓励技能人才多尝试新方法、新手段来解决问题、突破难题，同时企业还应建立健全相配套的创新评价及奖励机制，激励技能人才将更多的创新行为表现出来。

最后，制定考核目标引导创新结果。技能人才应参与设置企业创新绩效战略目标的工作，会同企业一起制定有针对性的、可量化的创新绩效阶段性任务和创新绩效管理目标。目标在设定时要注重参与性和挑战性，要根据工作现实与实际确定目标实现的难度。企业的绩效评价机制要在目标实现的过程中对技能人才给予及时有效的反馈和指导。在竞争优势和竞争行为相同的条件下，必须使竞争结果具有一定的确定性以确保竞争环境的公平。在保障良性竞争的同时，企业还要鼓励、引导和帮助技能人才之间有效开展合作，既要保证竞争给组织带来的动力作用被放大，又要降低竞争可能造成的阻力被化解到最小。同时在实践中，竞争结果对应具体的奖励、晋升和机会，鼓励技能人才参与竞争，形成创新绩效。

（二）引导技能人才积极投入工作

员工工作绩效的增加，可以通过提升技能人才认定的工作重要程度的工作投入的水平来实现。工作投入程度高不仅能促进技能人才更好工作绩效的产生，还能降低技能人才的离职意向。与之相反，如果工作投入程度降低就会较大地影响到技能人才工作绩效的提升。技能人才积极参与到管理中可以使他们产生被信任感，技能人才因此会对企业的发展提出可行性建议和策略来表现出一种无形的责任感，这能够增进企业的有效管理。因此，企业重视技能人才工作投入的管理，将技能人才工作投入纳入企业管理的全过程，通过给予现金和物质、改善工作环境、加强技能培训、构建和谐家庭等方式来奖励技能人才的优秀绩效表现，增强员工的活力、奉献和专注程度，提高技能人才的工作投入水平。

首先，运用奖励制度激发工作活力。企业通过各种奖励的形式让技能人才了解到他们工作的价值和意义，以此激发工作热情和增强工作动机来促进技能人才主动创新。企业应能抓住技能人才为企业创造出了更多经济利益时的机会，对技能人才合理地进行嘉奖和激励，从而最大限度地提高技能人才的工作满意度。完善的薪酬体系可以有效调动技能人才的工作活力，企业要根据技能人才意愿，实施以工作量、业绩计资为主体考核方式，对不同的情况采用不同的激励措施，灵活地运用其他制度，按劳动成果多劳多得，发挥薪酬激励作用。

其次，通过工作设计增强岗位奉献。技能人才对工作充满了希冀和渴求，因此拥有强烈的上进心。一旦技能人才把工作视作兴趣就会全身心沉浸到工作中，很难与工作相分离。因此，企业对技能人才要给予充分的尊重与信任，在增强技能人才工作趣味性的同时增加一些工作任务的挑战性，提高技能人才的责任及奉献意识。同时企业要对技能人才关心和爱护，需要通过企业的工作和努力，能制订技能人才个人的发展规划，让其能够积极努力地工作，帮助他们实现自我。企业还可以通过改进工作设计、调整工作岗位使其更符合技能人才的兴趣和能力来增强技能人才工作投入。

再次，强化技能培训夯实专业基础。企业要加强对技能人才培训，使员工能够接受职业培训，使他们能够积极地学习。在培训技能人才时要注意加强对工作投入的引导来提升技能人才的工作能力和心理素质。同时，企业要对技能人才的职业生涯加以管理，通过帮助技能人才制订科学的职业规划来为其提供充分的职业发展机会。在职业生涯实现的过程中要对技能人才的知识结构和技能水准提出更高的要求以便实现胜任岗位要求，进而促使技能人才提升自身的技能、找到获得成就的岗位。还可以设计多种有挑战性的工作方式与路径，迫使技能人才在成长发展的过程中掌握更多的知识与技能。

最后，重视家庭与工作关系的平衡。家庭和工作和谐，才能让技能人才无后顾之忧地投入工作中，让技能人才心灵宁静和自由的状态中灵活自主地工作。企业可以开展各种娱乐活动和公益活动，丰富技能人才精神生活，提升技能人才整体素质，形成员工之间以及员工和企业的良好关系。企业在其组织文化建设中要有员工和谐家庭建设的内容，可以定期组织一些员工携带家属参加的聚会，在此类聚会中安排有关工作人员专门与家属充分沟通，了解技能人才的家庭生活中老人赡养、小孩教育、家庭矛盾等实际困难。企业可以给予一定的福利政策来帮助技能人才解决家庭生活中的困难，协调其家庭与工作的关系，技能人才感知组织的关怀后会因此而更加积极地投入工作。

（三）营造积极的组织创新氛围

和谐的环境和氛围是激发创新素质的重要外部条件。组织创新氛围不仅是技能人才对组织创新情境或工作环境的体验和感知，还是组织成员的心理感受与共同信念。个体对组织环境支持其创新程度高低主观判断的结果就是组织创新氛围，技能人才创新行为外部环境评价和内部动机激发的信息源由其来提供。鼓励创新的组织文化和价值观是实现组织持续创新的灵魂，长期处于该文化下的技能人才较倾向于表现出更多的创新构想和行为。创新素质不能凭空产生，需要在和谐的环境和氛围中才能迸发，组织创新氛围在很大程度上影响着创新素质的激发。

首先，设计促进创新的任务特征。企业中应充满着鼓励技能人才敢于冒险和创新的氛围，使技能人才通过心理安全感的增强而勇于去打破常规并创造性地解决问题。企业可以从宏观着眼，根据技能人才对创新素质认可程度与创新角色身份的认同，来判断创新行为能否从技能人才身上产生，并建立健全能够为整个创新过程提供充分支持的创新机制。企业要在技能人才创新的过程中，为他们的创新构想提供奖励与激励等物质层面的保障，最终固化成崇尚自由研发与创新变革的机制常态化地鼓励和支持技能人才的创新行为，促使技能人才自觉开展创新活动，保障技能人才的创新活动形成良性循环。

其次，营造上级支持与良好环境。技能人才创新受到上级支持感知的影响较大。作为组织领航者，上级要鼓励技能人才勇于创新、不怕失败，旗帜鲜明地表明关心与支持创新态度。上级要科学授权，给予技能人才一定的自由裁量和自主决策的权力，在保证不偏离工作方向的基础上鼓励下属大胆地尝试新的工作方法和思路。与此同时，企业要从资源、制度和精神的角度多层面构建创新支持体系。在创新项目起草阶段注重集思广益，建立起组织内的讨论制度；在项目攻坚阶段注重集中力量攻坚克难，建立起专业技术、信息与设备等方面的资源支持制度；在建立项目结束阶段注重激励，建立起嘉奖创新贡献大人员的奖励制度。

再次，鼓励同事间的沟通和交流。技能人才的创新是一个艰难而复杂的工作体系，需要技能人才和各同事之间积极开展协作活动，共同提供精神、智力和物质方面的支持来促进创新素质的发挥。企业要致力于营造一种鼓励内、外部各层次、各类别技能人才之间开展多形式沟通交流、互助协作的氛围与环境，以此来鼓励不同类型的技能人才进行头脑风暴，促成创新思想和创新行为的产生。大量不同的信息在企业有利于创造力发挥的工作氛围中上下流动，增大了可能性、假设、新的事实及信念之间发生冲突的概率，技能人才的创造素质因这种冲突的促进更好地迸发出来。

最后，组织宽容失败和容忍风险。技能人才创新具有投入巨大且风险不可控的特点，企业对风险有足够的预期，因此应对技能人才的创新失败行为持宽容态度。企业应倡导鼓励创新的文化，形成支持创新的共同认知，从共同理想的追求、价值观的树立、工作态度的端正等方面来鼓励技能人才敢于创新、善于从创新失败中学习。一旦企业形成了鼓励创新、宽容失败的文化理念，就会增强技能人才打破常规、创造性地解决问题的心理安全感和自信心。企业还应该为技能人才的创新提供制度保障，企业应该建立正向的差错管理机制，对技能人才表现出的创新行为进行积极的肯定，在一定程度上鼓励技能人才冒险，敢于试错。

第四节　技能人才创新素质支持机制

一、支持机制整体模型

技能人才创新素质激发需要作为创新主体的企业、个人的内部动力，同时也需要良好的外部动力。外部动力因素包括社会、政策、经济、市场环境等宏观因素引致的政策法律、社会文化、知识管理、财政金融和公众认可等各类因素。政策法律、社会文化、知识管理、财政金融和公众认可构成创新素质支持机制。支持机制为创新素质激发提供重要活力。国家推动科技进一步创新和政策深度改革，建设创新金融服务平台，加大财政支持力度，为创新提供更加舒适的环境。良好的社会氛围不仅能缩短创新周期，更能通过将全民创新的思想深入全民来使得公众支持创新、参与创新、容忍创新失败和共享创新成果，进而为技能人才创新营造公众广泛认可的良好环境。知识管理促进不同思想的交融和知识的再利用，在此过程中协同创新网络以及知识获取能力都对创新素质产生重要影响，激发出来更多的创意，创造出知识资产（见图6－4）。

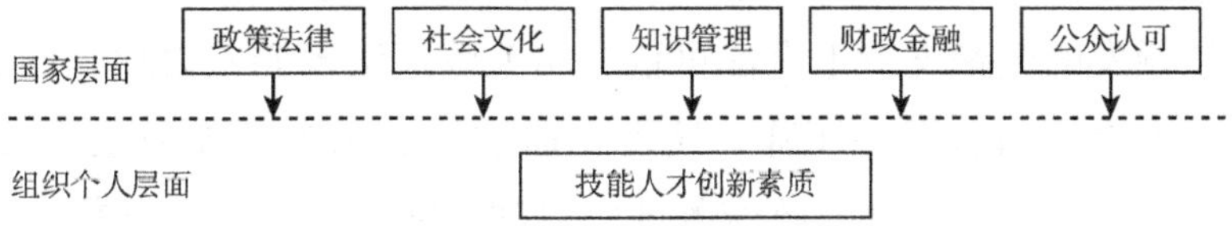

图6－4　技能人才创新素质支持机制

二、支持机制具体对策

（一）完善政策法律支持

由于人员的绝对数量庞大和配套支持制度体系的不完善，我国技能人才难以做到人人都有积极性参与主动创新，技能人才创新的成果需要建立健全相关法律体系来予以确认和肯定，确保技能人才创新的权益得到保障，创新的积极性得到保护。国家在经济领域建立健全相关法律法规是规范企业的发展行为、维护经济发展秩序的需要。政府还须解放思想，搭建技能人才所需要的资金融通、技术支持、信息服务等政策和法律服务平台，为技能人才创新与发展提供一个公平竞争的法治环境。与此同时，政府要出台有利于公平公正促进技能人才创新的制度，通过政策与法律的制定、实施及监督来完成和落实政府政策引导的作用。

首先，政府要简政放权。激发技能人才创新素质的外部动力因行政管理部门内烦琐的行政程序而受到严重阻碍，这会造成创新主体在创新道路上时间的浪费。当前，经济体制改革的核心问题是要正确处理好政府和市场的关系。要充分发挥市场配置资源的决定性作用和政府简政放权的职责要求，制定促进技能人才创新素质激发相关政策。通过简政放权来确保市场竞争更加公平，技能人才的创新素质和能力得到充分发掘，加速实现技能人才创新素质的激发。

其次，改进政府统筹机制。技能人才创新素质激发制度的建立，需要在人力资源和社会保障部等各级政府部门组织领导下统筹考虑和落实执行。只有经过自上而下的统筹与协调，政府部门制定的相关激励机制和政策法规才能够比较顺畅地贯彻实施于各个地区和部门之间。政府还特别要完善或简化信用担保体系、在税利债费等方面加强立法监督，做到在技能人才创新素质激发的金融支持上有法可依。相关政策法规制定之后，还要做好政策法规的推广与普及性工作，这需要通过政府来主导加强企业与员工、地方与企业、政府与地方、政府各部门之间的协调与联动，这样使政策法规落地为更好地推动技能人才创新营造良好的制度环境。

再次，完善知识产权保护。技能人才创新需要知识产权法来保护，需要运用知识产权手段来进一步保障产权权益。明确的法律规定可以使创新主体的利益得到充分保证，从而为技能人才创新提供法律的武器。综合我国当前实际，当务之急是要进一步对已出台的《专利法》《成果转化法》《科技进步法》《合同法》等法律法规加强执行和落实，真正做到令行禁止。在法律法规的支持和保障下，技能人才对自己的创新成果享有充分自主处置权，既可以将自己的创新成果转化为企业股份或收益分红，也可以在政府、企业的支持下带着自己的创新成果去自主创业，通过各种方式让技能人才享受到创新成果给他们带来的利好。

最后，强化政策监督执行。政府要进一步解放思想，强化政府对技能人才创新素质激发法律法规政策的监督执行，在帮助促进技能人才创新成果的实现转化的同时，还要确保创新主体完全掌握和享有其创新成果的处置权及收益权。政府既要制定相应的监督执行制度，同时也要周全考虑制度能够在广大民众中发展起来的协同性和普惠性。各地、各级政府对高度重视技能人才创新素质激发政策的监督执行要高度统一思想，要通过政策监督执行及时发现问题和障碍、破除疑点难点，有针对性地快速做出应对和调整。这些强化政策监督执行的举措都是技能人才创新素质激发的外部动力条件，从根本上保障技能人才创新成果的产生和转化。

（二）夯实社会文化支持

技能人才在创新的初始阶段，他们要承受由于工作精力转移而被视同为不务正业以及因为创新可能失败带来风险的压力，这些压力的存在可能会影响到技能人才生活境遇的下降或不安全感的增加，因而特别需要社会的包容和文化的支持。社区工作是指凭借社区成员的力量来拓展社区功能、发掘社区资源来解决技能人才共同面临的风险和问题的一种工作模式。社区工作主要是通过建立各种行会组织和文体社团的方式，引导创新失利或失败的技能人才群体参与社区建设和文化共融，帮助创新失利或失败的技能人才群体回归工作并重拾创新的信心和勇气。在此基础上，制定相关保障制度来确保技能人才在创新失利或失败后有基本的生活来源，免除技能人才创新失利或失败的后顾之忧。

首先，政府加强引导。政府应当从长远的角度来考虑提升技能人才的教育水平，引导教育资源向技能人才倾斜来加大教育投入力度，确保技能人才创新行动有足够的知识水准来支撑。政府可以引导社区把有志于创新的技能人才群体聚集起来，定期开展沟通和交流活动或举办文化娱乐活动，帮助技能人才丰富精神文化生活、释放心理压力、提升生活幸福感。此外还可以对社区之外的社会公益组织进行整合，汇聚各方力量对创新失利或失败的技能人才群体开展有针对性的知识和技能培训。政府也要随之跟进，及时为创新失利或失败的技能人才群体提供培训资源、定期调查并公布劳动力市场供求状况、就业市场信息等服务，以此来增强创新失利或失败的技能人才在再就业过程中的竞争力。

其次，发展社区能力。自我发展能力、服务递送能力、资源整合能力等都是社区能力建设的内容，技能人才个体和社区整体是能力建设的主体。通过社区能力的建设和发展，社区工作可以有效在创新失利或失败的技能人才群体和社区之间搭建一个获取社会支持的平台，通过这个平台帮助创新失利或失败的技能人才群体重回社会、融入社会、奉献社会。在社区能力建设的支持下，社区的社会工作者可以更专业地开展工作，通过个案走访或者社区调查的形式获取技能人才群体的创新愿望、创新困难及利益诉求，并结合调研实际对社区管理和服务中存在的缺陷和不足进行评估，为社区相关服务政策的优化和实施提供依据。

再次，培育创新文化。文化环境在一定程度上影响着技能人才的创新观念和创新行为，政府部门应当在社会中大力培育鼓励创新的文化理念，最大可能地消除技能人才因创新失利或失败而导致歧视与偏见的现象。优秀的社会创新文化一旦形成就能够明显地改善劳资关系，促进技能人才自我价值提升的实现。只有形成了良好的创新文化并得到了社会的一致认同与支持，才能一方面控制企业不为了一味追求创新绩效而置技能人才自身的发展于不顾，另一方面又能为技能人才创新提供源源不断的动力和条件。国家可以设立一个专职部门来负责社会创新文化的建设，让技能人才创新群体感受到国家和城市的人文关怀，从而产生持续不断的创新动力。

最后，营造良好氛围。根据心理学的从众心理理论，在良好的文化氛围中，人们会跟随多数人的行动而做出自己的选择。当社会中创新的文化氛围良好时，人们会跟随多数人的行动而选择支持技能人才创新，这不仅能够缩短技能人才创新的周期，更能使创新的思想更易于为人们所接受。社会公众理解、支持、鼓励、参与创新，共享创新成果、宽容创新失败，这种氛围的形成不仅能为激发技能人才创新创造良好的外部环境，还能促进全体社会民众提高创新素质。但是真正要实现全民的创新及全民创造的意识提高，还需要结合国情制定与实施全民创新的政策。一旦全社会形成了理解、支持、鼓励、参与创新的良好氛围，技能人才创新将会根植于社会大众，并最终将演变成整个社会的共同价值和行为追求。

（三）搭建知识管理支持

由于学历层次普遍较低，技能人才的学识水平普遍存在不高的情况。国家可以通过组建专门的知识网络、知识文库的方式搭建技能人才的知识获取平台，为技能人才的生产生活特别是创新活动提供及时、准确知识支持。知识的时效性特征导致了某类知识或信息如果对决策产生积极效果，则只能发生在特定的时间范围内。因此，可以在政府的主导下通过一定的组织程序，引导全社会范围内技能人才之间进行信息、知识的交流与分享，建立以知识创新与经济发展相关联的专家组织体系平台来支持技能人才持续不断实现创新。平台的建立，一方面可以增进技能人才之间的交流理解；另一方面可以促进隐性知识在技能人才之间的共享，以此推动技能人才之间的知识互动来促进他们知识水平的提升。

首先，构建技能人才知识共享体系。知识共享是技能人才个人知识和社会知识由隐性状态转化为显性状态的过程，技能人才个体知识通过各种交流媒介为社会中其他成员所共同分享，转变为知识形态的社会财富。知识共享让技能人才作为吸收者获取知识和信息，为技能人才创新素质激发提供更多的知识源。知识共享体系由三个层面构成：一是国内知识互动的核心层，主要是加强技能人才日常生活的正式和非正式互动及日常工作中的正式和非正式互动等；二是国家与国家之间的知识互动关联层，主要是紧密关联竞争者、合作者、终端顾客及供应链上的企业等；三是技能人才与公共服务机构、专业服务机构、政府部门、媒介机构的知识互动的可达层，主要是让技能人才作为吸收者获取知识和信息。

其次，组织技能人才知识库资源。技能人才知识库一般包括结构化国内知识、非结构化国内知识及国外先进知识三种类型。知识资源集散中心作为技能人才进行知识共享的必备基础结构其建立是一个严谨的过程，第一，对各行各业与技能人才创新发展有关的各种经验和知识进行广泛的采集；第二，对采集的各种经验和知识进行分类编目；第三，使用计算机和网络技术对分类编目后的各种经验和知识进行积累和存储；第四，构建起知识库，这个过程包括知识库的维护、知识库中知识的获取、知识库中知识的表达方式及知识库的组织等系列内容，这其中最需要注意把握好两个内容：一是要注意把握好如何开展知识库的组织；二是要注意把握好如何合理选择数据词典的应用、Hash 文件、树型结构文件、索引文件、顺序文件等方法来组织知识库。

再次，形成技能人才知识互动网络。因知识演进速度的不同，会导致出现知识匹配或“知识缺口”问题，这从根本上带来了技术技能变化对技能人才创新活动的挑战。知识链中因“知识缺口”问题的存在，客观上阻碍了知识的循环和创新，使技能人才现有知识与实现其战略目标的知识要求之间不相匹配。要解决好这个问题，必须通过形成集知识创新、整合和共享等功能于一体的技能人才知识网络结构体系来实现，这就要求技能人才加强与外界组织的联系交流来实现不同主体间的知识互动及共享。国家应从核心层、关联层和可达层三个层面围绕技能人才创新这个核心目标来组建知识互动与共享网络，搭建技能人才有效开展学习和交流的知识互动与共享网络平台。

最后，提供信息技术方法和手段。现代信息技术的进步，使技能人才利用互联网思维和平台开展迅捷高效的信息交流、知识共享成为可能，发达的计算机网络更是为技能人才进行知识共享提供了极好的复制和传播手段。先进技术手段的使用，一方面社会可以充分了解并重视技能人才的真实诉求；另一方面知识共享机制更加的发达和完善使技能人才同部门、组织、社会之间的随时随地进行知识的共享与交流更具效率，更有利于技能人才创新的实现。国家应顺应时代潮流充分利用当下先进的信息技术和手段，建立高效便捷的技能人才知识共享体系，不断丰富方式、方法为技能人才的知识共享提供必要的技术支撑。

（四）丰富财政金融支持

政府有必要对技能人才的创新活动进行投入，如加大财政资金投入力度，尤其加大对风险大、周期长、社会效益和生态效益比较大的技术技能的投入和资助力度。从宏观的层面来看，政府可以直接为技能人才创新活动提供财政贷款、财政贴息、政府采购、税收减免、转移支付等优惠政策，为激发技能人才创新素质提供金融支持。从微观层面来看，政府可以帮助技能人才从政策性银行或经过授权的商业银行获得低息或无息贷款，以此来助力激发技能人才的创新素质。通过宏观和微观层面的支持，政府为技能人才创新素质激发创造更多有利条件，促进各技能人才创新主体创造出更多创新成果来满足市场经济的需求。

首先，构建多元化投融资体系。要构建起技能人才创新的多元化投融资体系，必须通过激励来充分调动和加大技能人才、企业、政府等创新主体在创新投入上的积极性与投入力度。一方面，要注意发挥政府的创新财政投入上的主导作用；另一方面，要注意充分发挥企业作为主要创新投入主体的主渠道投融资作用，在此基础上形成企业为主体、政府为主导、金融机构为基础、高校和研究机构为辅助、社会各方面为参与成员的技能人才创新多元化投融资体系。除此之外，技能人才还可以申请政府牵头设立专项创新基金，对审核通过的技能人才创新项目予以创新基金的资助，技能人才受资助的创新项目获得并取得收益之后需要通过某种约定方式反哺创新基金，保障技能人才创新专项基金运作的良性循环，从而激励更多的技能人才开展创新活动并在此过程中激发创新素质。

其次，构建科学化担保机制。科学化担保机制的构建，可以从两个方面来考虑。一方面，构建政府为技能人才创新融资提供担保的机制。政府对技能人才创新的金融支持除了直接的财政投入之外，还可以为创新主体提供融资担保的方式给技能人才的创新做好供信用保障服务。有了政府的强大实力和信誉作担保，会有更多的资金被吸引而投入技能人才的创新活动中，使技能人才能够快速筹集开展创新活动需要的研发等必要经费。政府担保这种方式，既减小了政府相关财政投入资金不够的压力，又使技能人才创新的资金来源有了保障。另一方面，构建政府之外的组织为技能人才创新融资提供担保的机制。政府通过立法允许设立诸如互助性质的担保基金、商业担保机构和再担保基金等可以有担保资质的机构，从流程和机制上对这些有担保资质机构的运作行为进行规范，同时适当地给予一些优惠政策来激励和支持它们，尽可能多地为技能人才的创新拓展融资新渠道。

再次，构建多元化金融市场体系。金融市场在配置金融资源的过程中主要是发挥引导资金流向和调剂资金余缺的作用。为了更好地发挥金融市场在技能人才创新过程中的资金融通作用，政府应主导建立包括主板、中小企业板、创业板市场在内的多层次技能人才创新金融市场体系，不断完善包括货币、股票、债券、外汇和金融衍生市场等在内的金融子市场支持技能人才创新的功能。与此同时，要进一步完善社会信用体系和社会征信机构事业的发展，通过加大力度建设技能人才信用数据库来保障支持技能人才创新金融市场的有序运行。为防范化解金融支持技能人才的创新的信用风险、优化金融支持技能人才的创新的市场信用环境，大数据技术要在金融支持技能人才的创新的过程中广泛运用，从而更好地发挥金融市场在技能人才的创新过程中的筹融资功能。

最后，构建良性化风险投资机制。支持技能人才开展创新活动、推动创新成果实现商业转化的重要资金来源之一就是风险投资。风险投资公司主要对技能人才的创新项目采取以参股的方式来进行投资和资金支持，在投资技能人才创新项目市场上站稳脚跟并获得成功后，风险投资公司对其所持股份进行转让从而获得投资收益。政府可以通过制定灵活的政策，积极引导社会力量成立股份制等形式的风险投资机构，把愿意通过承担较高风险来获取较高收益的闲散资金聚拢，尽可能地拓宽资金来源、扩大资金规模，帮助技能人才获得更多投资来支撑其创新活动的开展。风险投资不仅能为技能人才的创新活动提供充足的资金供给，还能通过分散来化解创新的风险，因此形成良性化风险投资机制。在良性化风险投资机制形成的过程中，还要注重在政府的引导和规范下促进风险投资退出机制等配套支持系统的发育和完善，不断健全良性化风险投资机制的构建。

（五）扩大公众认可支持

通过孟母三迁的故事可以知道，文化氛围是影响人成长的重要因素，良好氛围能引导人朝着好的方向发展。根据心理学的从众心理理论，在良好的文化氛围中，人们会跟随多数人的行动而做出自己的选择。考虑当处于良好的创新文化氛围中时，人们也会根据技能人才的创新行动来作出自己的选择。良好的社会环境和创新氛围有利于全民接受创新的思想，从而减少创新活动中的障碍使技能人才的创新周期缩短、创新效率提高。环境是技能人才创新素质形成的重要外在条件，这种重要性体现在提升技能人才个体的内在驱动力、增强技能人才的创新意愿上。在良好社会环境和创新氛围的影响下，社会公众理解、支持、鼓励、参与创新，共享创新成果、宽容创新失败。

首先，营造良好创新氛围。良好创新氛围的形成，一是要国家制定支持和鼓励技能人才创新的针对性政策；二是要组织技能人才在专门教育机构中接受创新教育；三是要在全社会范围内倡导敢为人先、敢于创新的精神和行为。通过这些方式与手段，使理解、支持、鼓励、参与技能人才创新的行动和理念根植于社会各阶层，并最终成为全社会共同的价值目标和行为追求，进而在全社会营造出尊重人才、鼓励创新、崇尚创造的浓郁创新氛围，促使技能人才创新的积极性的提高，激发技能人才的创新素质。在技能人才创新素质被激发的同时又反过来激发全体民众创新积极性的提高，进而促进全社会创新能力的提高。

其次，包容理解创新风险。技能人才创新成果转化是一项复杂的工作，具有收益慢、周期长、风险高的特点，技能人才创新获得的经济利益较少或成功之路漫长。因此，并不是每一位技能人才的创新都能够获得成功，也不是每一位技能人才的创新成果都能及时得到社会和市场的认可。社会民众作为技能人才创新成果转化成功后的受益者，应该具备允许技能人才创新失败及失败后反复进行试验加以改进的包容和理解心，认可和支持技能人才对创新所付出的努力。现在全社会已经对技能人才“大国工匠”的重要地位有着广泛的认同，但还需要进一步推广技能人才的创新成果，使技能人才作为重要的创新主体之一为全社会所认可和尊重，技能人才创新也因此而具备更深的社会根基。

再次，重视宣传推广创新成果。媒体宣传作为一种公共舆论的传播机制具有整合和放大公众力量的功能与优势。这种功能与优势的发挥能够使技能人才创新这样的公共问题得到更多民众的关注和参与。技能人才创新成果转化成功并被更多关注和参与的民众分享利益后，技能人才在民众心中地位的重要性得到强化、在民众心中的形象也得到美化，他们的社会地位因此也随之得到提升。媒体宣传一方面鼓励技能人才继续身体力行地推进创新成果的转化，另一方面可以为其他创新主体树立起榜样来激发他们的创新意愿和创新行动。这在增加公众参与机会、激发公众参与动机的同时，还能通过对政府形成舆论压力来推动政府接受、支持及开展相关宣传推广创新成果的活动。

最后，帮助满足自我实现需求。马斯洛的层次需求理论指出，自我实现是人的五个需求层次中最高层次的需求。随着社会保障制度的日趋完善，技能人才已无生存需要的威胁，但是技能人才现实中最高层次的创新需求迫切，创新需求是技能人才自我实现的通道和机会。创新满足了技能人才最高层次的需求，其意义不仅在于促进了经济的发展，还在于让技能人才实现了人生的价值，更是推动着全社会形成追求卓越的良好氛围。自我实现的需求让技能人才能够主动地完成与自己能力相匹配的创新工作，在此过程中技能人才的创新素质被最大化激发，为技能人才实现自己的创新目标打下基础。在技能人才自我实现方式的示范引领下，创新也必将会从“小众”走向“大众”，推动社会成为创新社会、国家成为创新国家、企业成为创新企业。

本章小结

本章是整个研究的终点和结论，构建了技能人才创新素质激发机制和具体内容对策。首先，根据变革型领导与技能人才创新素质和技能人才创新素质与其创新绩效作用机制的实证结果设计了技能人才创新素质激发整体机制；其次，分别构建了诱导机制、引导机制、支持机制整体模型；最后，根据各整体机制模型具体要素，分别提出了积极倡导变革型领导方式、健全人才的绩效评价机制、建立和完善政策法律支持等具体对策。

诱导机制、引导机制和支持机制共同构成技能人才创新素质激发系统整体机制。个体层次的变革型领导、内生动机、工作投入和创新绩效变量以及组织层次的组织创新战略、组织创新氛围构成了技能人才创新素质内部激发系统。其中，变革型领导、内生动机和组织创新战略构成创新素质诱导机制。工作投入、组织创新氛围和创新绩效构成创新素质引导机制。国家层面的政策法律、社会文化、知识管理、财政金融和公众认可变量构成了技能人才创新素质外部激发系统，为技能人才创新素质激发提供资源保障，形成支持机制。

诱导机制和引导机制共同构成了技能人才创新素质企业激发机制，是创新素质活力的根本动力，决定着创新的性质和发展方向，是决定技能人才创新行为实施效果的企业内部决定因素。其中创新素质诱导机制具有素质激发导航功能，技能人才创新素质的激发选择意向取决于诱导机制。诱导机制具体对策包括积极倡导变革型领导方式、提升技能人才的内生动机、建立完善的组织创新战略。其中创新素质引导机制是技能人才实施创新的行为要素。引导机制具体对策包括健全人才的绩效评价机制、引导技能人才投入工作中、营造积极的组织创新氛围。

支持机制为创新素质激发提供重要活力。技能人才创新素质支持机制则是企业外部影响因素，确保创新素质激发的重要外部条件，对于技能人才创新起到加速或延缓的作用。支持机制具体对策包括完善政策法律支持、夯实社会文化支持、搭建知识管理支持、丰富财政金融支持、扩大公众认可支持。

第七章

总结与展望

一、主要研究结论

1. 界定了技能人才及其创新素质相关内涵

技能人才为“在产业领域中具有一定的专业知识，掌握一定的工艺和技术，能够独立使用工具、设备进行操作或生产加工的熟练或比较熟练的工人，主要包括生产一线从事操作类劳动中的初级工、中级工、高级工、技师和高级技师以及相应职级的人员”。技能人才具有以下几个特点：一是具有一定的理论知识；二是具有比较丰富的实践经验；三是具有较强的动手操作能力；四是具备一定的创新能力；五是具有良好的职业道德。创新素质是指在人的先天生理心理素质基础上，在创新实践活动中通过后天环境影响和教育训练所获得的全面、稳定、长期表现出来并发挥作用的对创新活动发挥关键作用的身心要素的总称。

2. 形成了技能人才创新素质内容结构

借鉴素质模型，技能人才创新素质创新基础二阶因子包含一级条目中基础品质、职业操守、动机信念，体现了技能人才在创新活动中坚守的准则和品质要求，反映了创新素质体系“冰山以下部分”最核心最深层次的本质，是技能人才创新素质的根本。技能人才创新素质创新实践二阶因子包括一级条目中基本素质、人际交往、知识扩展、问题处理和生产实践，体现出技能人才创新活动的具体行为，表达了技能人才创新素质体系“冰山以上部分”中看得见的表现特点，是技能人才创新素质的体现。技能人才创新素质创新指引二阶因子包括一级条目中精神感知、思维思想、人格特质、工作意识。反映了技能人才在创新活动“冰水相接部分”中人内在精神理念和思想品质，是介于深层特征和外在表现若隐若现的中间环节，是技能人才创新素质的引导。

3. 开发了技能人才创新素质量表

技能人才创新素质量表包含踏实肯干、务实精神、自觉性、解决问题能力等 29 项基础条目，包括生产实践、职业操守、人格特质、精神感知等 7 项一阶因子，包括创新基础、创新实践和创新指引 3 项二阶因子。其中，创新基础二阶因子包括基本品质、职业操守 2 项一阶因子和踏实肯干、细致认真、服从意识等 9 项基础条目，创新实践二阶因子包括人际交往、问题处理、生产实践 3 项一阶因子和成果推介能力、分析能力、生产作业能力等 13 项基础条目，创新指引二阶因子包括精神感知、人格特质 2 项一阶因子和开拓精神、发散思维、意志力等 7 项基础条目。量表中各阶因子信度系数良好，量表开发程序严谨、科学，且量表结构清晰，具有较好的收敛性和区分性。

4. 构建了技能人才创新素质激发模型

技能人才创新素质激发模型包括个体、组织和国家三个层次。其中，变革型领导和内生动机作为前因变量，工作投入和创新绩效作为结果变量形成个体层面；组织创新战略和组织创新氛围作为情境变量形成组织层面；政策法律、社会文化、知识管理、财政金融、公众认识形成国家层面。在创新素质前因关系模型中，组织创新战略是重要的情境因素，在变革型领导通过内生动机影响技能人才创新素质过程中，发挥调节影响作用，以区分不同企业创新战略下变革型领导对技能人才创新素质的影响差异。在创新素质结果关系模型中，组织创新氛围作为一种组织情境因素，发挥影响作用，调节创新素质通过工作投入影响创新绩效过程。组织创新氛围作用于个体层面，调节个体因素，对技能人才创新绩效产生影响。个体、组织和国家层面不同因素对创新素质综合刺激，形成多层次影响关系模型，能积极正向影响员工创新素质。

5. 探讨了变革型领导与技能人才创新素质作用机制

通过分析变革型领导与技能人才创新素质作用机制，验证了技能人才创新素质激发理论框架中变革型领导、内生动机等前因变量的影响。研究结果表明，第一，变革型领导与技能人才创新素质显著正相关，且变革型领导对技能人才创新素质的直接效应也显著，说明变革型领导对技能人才创新素质具有显著的正向影响。变革型领导善于关注和发掘技能人才的内在需求，通过提供情感支持、公平评价员工、鼓励并及时反馈员工的建言等行为激发技能人才的内在动机，对技能人才创新素质产生重要的影响。第二，技能人才内生动机在变革型领导与技能人才创新素质之间起部分中介作用，即变革型领导通过影响技能人才的内生动机继而影响其创新素质。变革型领导通过内生动机中介作用，对创新素质产生影响。同时企业也需要对自身所处竞争领域的地位和外部环境的变化情况审时度势，制定与自身发展相匹配的创新战略。第三，组织利用式创新战略的调节作用显著，组织利用式创新战略在变革型领导与技能人才内生动机之间起正向调节作用，即与低组织利用式创新战略相比，在高组织利用式创新战略的环境中，变革型领导对技能人才内生动机的影响更大。在我国，由于还处在战略升级的起步阶段，并且中国地大物博，领导者作为企业创新战略的主要制定者，对企业战略的选择有重要影响。

6. 探寻了技能人才创新素质与其创新绩效作用机制

通过分析技能人才创新素质与其创新绩效作用机制，验证了技能人才创新素质激发理论框架中创新绩效、工作投入等结果变量的影响。研究结果表明，第一，技能人才创新素质与其创新绩效显著正相关，且技能人才创新素质对其创新绩效的直接效应也显著，说明技能人才创新素质对其创新绩效具有显著的正向影响。有着较高创新素质的个体会主动搜索并整合多种信息，产生偏离常规的新的思想，创造相关的技能进而影响创造性的产生。第二，技能人才工作投入在其创新素质与创新绩效之间起部分中介作用，即技能人才创新素质通过影响其工作投入继而影响技能人才创新绩效。工作投入本身是一种积极的情绪，这种情绪能够产生正向能力，影响个体的心理状态。创新素质较高的技能人才通常会抓住每次机会，付出超出工作要求之外的努力和尝试，积极参与和提出新的工作方式，而这种积极参与的心理状态对技能人才创造力具有正向影响。此时，创新素质通过工作投入中介作用，对创新绩效产生影响。第三，组织创新氛围的调节作用显著，组织创新氛围在技能人才创新绩效与其工作投入之间起正向调节作用，即与低组织创新氛围相比，在高组织创新氛围的环境中，技能人才创新素质对其工作投入的影响更大。创新氛围能为员工创新想法的提出与实现提供创新灵感与拓展平台，正确引导着技能人才的创新方向，渗透于创新活动过程的每一个环节。获得组织支持的技能人才工作满意度比较高、离职意向比较低，良好的组织创新氛围能够促进他们表现出更多的创造性行为。

7. 提出了技能人才创新素质激发机制及具体对策

诱导机制、引导机制和支持机制共同构成技能人才创新素质激发系统整体机制。个体层次的变革型领导、内生动机、工作投入和创新绩效变量以及组织层次的组织创新战略、组织创新氛围构成了技能人才创新素质内部激发系统。其中，变革型领导、内生动机和组织创新战略构成创新素质诱导机制，诱导机制具有素质激发导航功能，具体实施对策包括积极倡导变革型领导方式、提升技能人才的内生动机、建立完善的组织创新战略。工作投入、组织创新氛围和创新绩效构成创新素质引导机制，引导机制是技能人才实施创新的行为要素，具体实施对策包括健全人才的绩效评价机制、引导技能人才投入工作中、营造积极的组织创新氛围。国家层面的政策法律、社会文化、知识管理、财政金融和公众认可变量构成了技能人才创新素质外部激发系统，为技能人才创新素质激发提供资源保障，形成支持机制。支持机制具体对策包括完善政策法律支持、夯实社会文化支持、搭建知识管理支持、丰富财政金融支持、扩大公众认可支持。

二、研究的创新点

（一）理论创新

1. 技能人才创新素质内容结构构建和量表开发

本书运用扎根理论定性地在 79 个基础条目、12 个一级条目的基础上归纳出技能人才创新素质3个二级条目，分别是“为什么做”“能做什么”和“想做什么”。经过项目分析、探索性因子分析和验证性因子分析的定量研究，结果表明，技能人才创新素质量表包含踏实肯干、务实精神、自觉性、解决问题能力等29项基础条目，包括生产实践、职业操守、人格特质、精神感知等7项一阶因子，抽取并验证了技能人才创新素质二阶维度结构，包括创新基础、创新实践和创新指引3项二阶因子。其中，创新基础二阶因子包括基本品质、职业操守2项一阶因子和踏实肯干、细致认真、服从意识等9项基础条目，创新基础体现了技能人才创新活动中坚守的准则和品质要求，反映了创新素质体系最核心最深层次的本质，解释了“为什么做”的问题；创新实践二阶因子包括人际交往、问题处理、生产实践3项一阶因子和成果推介能力、分析能力、生产作业能力等13项基础条目，创新实践体现出技能人才创新活动的具体行为，表达了创新素质体系的表象特点，描述了“能做什么”的问题；创新指引二阶因子包括精神感知、人格特质2项一阶因子和开拓精神、发散思维、意志力等7项基础条目，创新指引反映了技能人才在创新活动中内在的精神理念和思想品质，明确了“想做什么”的问题，其分析结果与定性研究结论相似。因此，本书编制的技能人才创新素质量表实现了与内容结构理论框架的有效匹配，且信度和效度较好，可以为后续的研究提供可供参考的测量框架。

2. 技能人才创新素质激发模型的提出

技能人才创新素质激发模型包括个体、组织和国家三个层次。模型将变革型领导和内生动机作为前因变量、工作投入和创新绩效作为结果变量形成个体层面，将组织创新战略和组织创新氛围作为情境变量形成组织层面，政策法律、社会文化、知识管理、财政金融、公众认识形成国家层面。个体层次的变革型领导、内生动机、工作投入和创新绩效变量以及组织层次的组织创新战略、组织创新氛围构成了技能人才创新素质内部激发系统。其中，变革型领导、内生动机和组织创新战略构成创新素质诱导机制。工作投入、组织创新氛围和创新绩效构成创新素质引导机制。国家层面的政策法律、社会文化、知识管理、财政金融和公众认可变量构成了技能人才创新素质外部激发系统，为技能人才创新素质激发提供资源保障，形成支持机制。诱导机制、引导机制和支持机制共同构成创新素质激发模型。创新素质诱导机制具有素质激发导航功能，技能人才创新素质的激发选择意向完全是由创新素质的诱导机制所决定的。诱导越强说明技能人才选择激发创新素质的意愿越强，诱导越弱说明技能人才选择激发创新素质的意愿越弱。创新素质引导机制是技能人才实施创新的行为要素。诱导机制和引导机制共同构成了技能人才创新素质企业激发机制，是创新素质活力的根本动力，决定着创新的性质和发展方向，是决定技能人才创新行为实施效果的企业内部决定因素。技能人才创新素质支持机制则是企业外部影响因素，确保创新素质激发的重要外部条件，对于技能人才创新起到加速或延缓的作用。三个机制构成了技能人才创新素质激发整体机制。

（二）观点创新

1. 技能人才创新素质及内涵的提出

技能人才是在产业领域中具有一定的专业知识，掌握一定的工艺和技术，能够独立使用工具、设备进行操作或生产加工的熟练或比较熟练的工人。其主要包括生产一线从事操作类劳动中的初级工、中级工、高级工、技师和高级技师以及相应职级的人员。技能人才具有一定的理论知识、较为丰富的实践经验、较强的动手操作能力、一定的创新能力和良好的职业道德。创新素质是指在人的先天生理心理素质基础上，在创新实践活动中通过后天环境影响和教育训练所获得的全面、稳定、长期表现出来并发挥作用的对创新活动发挥关键作用的身心要素的总称。

2. 各变量之间相互关系的验证

在创新素质前因关系模型中，变革型领导对技能人才创新素质具有显著的正向影响，技能人才内生动机在变革型领导与技能人才创新素质之间起部分中介作用，组织利用式创新战略的调节作用显著，组织利用式创新战略在变革型领导与技能人才内生动机之间起正向调节作用。在创新素质结果关系模型中，技能人才创新素质对其创新绩效具有显著的正向影响，技能人才工作投入在其创新素质与创新绩效之间起部分中介作用，组织创新氛围的调节作用显著，组织创新氛围在技能人才创新绩效与其工作投入之间起正向调节作用。

3. 技能人才创新素质激发机制的提出

诱导机制、引导机制和支持机制共同构成技能人才创新素质激发系统整体机制。其中，诱导机制和引导机制形成技能人才创新素质企业激发机制。创新素质诱导机制具有素质激发导航功能，具体对策包括积极倡导变革型领导方式、提升技能人才的内生动机、建立完善的组织创新战略。引导机制是技能人才实施创新的行为要素，具体对策包括健全人才的绩效评价机制、引导技能人才投入工作中、营造积极的组织创新氛围。支持机制是企业外部影响因素，具体对策包括完善政策法律支持、夯实社会文化支持、搭建知识管理支持、丰富财政金融支持、扩大公众认可支持。

（三）方法创新

1. 运用知识图谱法和构型法相结合形成技能人才创新素质激发框架

运用 Citespace 可视化软件进行技能人才创新素质相关主题文献的共被引分析和聚类分析，在绘制相应知识图谱的基础上，使用类型学的构型方法，通过对各共被引分析和聚类分析变量理论推导和逻辑演绎构型，探测技能人才创新素质各激发要素层次和关系，提炼技能人才素质激发理论模型。

2. 运用文献法、访谈法和问卷调查相结合开发技能人才创新素质量表

针对技能人才创新素质开展相关文献回顾、技术性文献阅读、行为事件访谈和专家“背靠背”小组讨论等定性研究获得技能人才创新素质内容结构的理论构想。然后，以理论构想为基础形成技能人才创新素质初始量表，运用问卷调查定量研究通过预测试净化题项、探索性因子和验证性因子分别分析量表结构和验证题项构成、信效度检验，最终确定了技能人才创新素质正式量表。

三、研究的局限性及未来研究的方向

尽管本书得到有一定见地的技能人才创新素质激发的成果，但由于研究基础较为薄弱且有关技能人才创新有关的资料相对比较匮乏，研究中也存在一些不足。

本书结合采用文献回顾、行为事件访谈、半开半闭问卷调查、专家讨论等方法来开发技能人才创新素质的测量问项，虽然整个研究过程工作的展开已经是足够仔细、规范和严谨，但是仍然有可能遗漏技能人才的某些创新素质维度及其相应的测量问题。此外，技能人才创新素质测量问项的表述尚有改善的余地。

本书构建技能人才创新素质激发模型时采用知识图谱方法按照词汇出现频次的确定关键变量，并根据各关键变量在理论上的逻辑联系构型。在使用知识图谱分析获取变量的过程中，有可能会遗漏某些出现频次较少但对技能人才创新素质激发起重要作用的关键变量。因此，本书构建的技能人才创新素质激发模型还不够尽善尽美，还需要随着技能人才创新素质激发相关知识的日益明晰而不断完善。

本书开展技能人才问卷开发、变革型领导与技能人才创新素质和技能人才创新素质与其创新绩效作用机制研究时，问卷开发预调研和大规模问卷调查及作用机制预调研，样本涉及的研究对象主要是近几年“中华技能大赛”获奖人员和企业中的创新型技能人才，范围局限于国有大型企业。虽然在作用机制大规模问卷调查时扩大了样本来源，但这有可能限制了研究结论的普遍性，在后续的研究工作中还需要通过不断增加样本容量来进一步完善研究结论。

技能人才创新是一个庞大且极其复杂的系统，本次研究建立的技能人才创新素质激发只是对该领域的一次有益探索，以当抛砖引玉之意。在本书的基础上，未来可进一步研究技能人才创新过程及其创新行为，并构建创新素质对创新过程及创新行为作用机制模型，开展有关技能人才创新行为激发的一系列研究工作。而本书所实施的技能人才创新素质的研究为其后续研究展开奠定了一定的基础。

参考文献

［1］ Amabile T. M. A Model of creativity and innovation in organizations ［M］. CT: JAI Press, 1988.

［2］ Anderson N. R. , Gasteiger R. M. Innovation and creativity in organizations ［M］. Amsterdam: Amsterdam University Press, 2008.

［3］ Bass B M. , Avolio, B. J. , Transformational leadership development: manual for the multifactor leadership questionnaire ［M］. Consulting Psychologists Press, 1990.

［4］ Branseomb L. M. , Kodama F. Japanese innovation strategy – technology support for business visions ［M］. Boston: University Press of America, 1993.

［5］ Carr A. Positive psychology: the science of happiness and human strengths ［M］. New York Bruuner – Routledge, 2004.

［6］ Chen C. Citespace: a practical guide for mapping scientific literature ［M］. Nova Science Publishers, 2016.

［7］ Chesbrough H. Open innovation: the new imperative for creating and profiting from technology ［M］. MA: Harvard Business School Press, 2003.

［8］ Clayton M. C. , Michael E. R. The innovator's solution: creating and sustaining successful growth ［M］. MA: Harvard Business School Press, 2004.

［9］ Cruber H. E. , Davis S. N. Inching our way up mount Olympus: the evolving – systems approach to creative thinking the Nature of Creativity ［M］. New York: Cambridge University Press, 1988.

［10］ Csilszentmihalyi, M. Creativity: Floe and the psychology of discovery and invention ［M］. New York: Harper Perennial, 1997.

[11] Deci E. L. , Ryan R. M. Intrinsic motivation and self – determination in human behavior [M]. New York: Plenum Press, 1985.

[12] Dubrin A. Leadership research findings, practice and skills [M]. New York: Houghton Mifflin, 2012.

[13] Guiford J. P. Traits of creativity and its cultivation [M]. New York: HumperPublisher, 1989.

[14] Kasser T. The high price of Materialism Cambridge [M]. MA: Harvard University Press, 2002.

[15] Maslach C. , Leiter M. P. The truth about burnout: how organizations cause personal stress and what to do about it [M]. San Francisco: Jossey – Bass, 1997.

[16] Maslach C. , Leiter, M. P. The Truth about Burnout [M]. San Francisco: Jossey – Bass, 1997.

[17] Skinner B. F. The behavior of organisms [M]. New York: D. Appleton – Century Co, 1938.

[18] Tardif T. Z. , Sternberg, R. J. What do we know about creativity? the nature of creativity [M]. Cambridge University Press, 1988.

[19] Vallerand R. J. Toward a hierarchical model of intrinsic and extrinsic motivation in experimental social psychology [M]. New York: Academic Press, 1997.

[20] Vroom V. H. Work and motivation [M]. New York: Wiley, 1964.

[21] West M. A. , Richter A. W. Climate and culture for innovation and creativity at work [M]. New York: Lawrence Erlbaum Associates, 2007.

[22] Yukl G. Leadership in organizations [M]. NJ: Pearson Education, 2013.

[23] Adam J. S. , Jacobsen P. R. Effects of wage Inequities on work quality [J]. Journal of Abnormal and Social Psychology, 1964, 69 (2): 19 – 25.

[24] Adam J. S. , Rosenbaum W. B. The relationship between worker productivity to cognitive dissonance about wage inequities [J]. Journal of applied psychol-

ogy, 1962, 46 (3): 161 - 164.

[25] Adnan I. The influence of personal factors on the perceived organizational climate: evidence from the Pakistani industrial organizations [J]. Interdisciplinary Journal of Contemporary Research in Business, 2011, 17 (2): 511 - 527.

[26] Allan L. , Sara W. , Amy W. T. Empowering leadership: a meta - analytic examination of incremental contribution, mediation, and moderation [J]. Journal of Organizational Behavior, 2018, 39 (3): 75 - 101.

[27] Amabile T. M. How to kill creativity [J]. Harvard Business Review, 1998, 76 (5): 76 - 88.

[28] Amabile T. M. , Conti R. , Coon H. , et al. Assessing the work environment for creativity [J]. The Academy of Management Journal, 1996, 39 (5): 1154 - 1184.

[29] Amabile T. M. , Schatzel E. A. , Moneta G. B. , et al. Leader behaviors and the work environment for creativity: perceived leader support [J]. Leadership Quarterly, 2004, 15 (4): 5 - 32.

[30] Amabile T. M. A model of creativity and innovation in organization [J]. Research in Organizational Behavior, 1985, 10 (1): 123 - 167.

[31] Amabile T. M. Creativity and innovation in organizations [J]. Harvard Business Review, 1996, 5 (9): 396 - 439.

[32] Amabile T. M. How to kill creativity [J]. Harvard Business Review. 1998, 76 (5): 77 - 87.

[33] Amabile T. M. Motivating creativity in organizations: on doing what you love and loving what you do [J]. California Management Review, 1997, 40 (1): 39 - 58.

[34] Amabile T. M. Motivational Syner: Toward new conceptualizations of intrinsic and extrinsic in the workplace [J]. Human Resource Management Review, 1993, 6 (3): 185 - 201.

[35] Amabile, Teresa M. , Conti, et al. Assessing the work environment for creativity [J]. Academy of Management Journal, 1996, 39 (5): 1154 - 1184.

[36] Anderson N., Potocnik K., Zhou J. Innovation and creativity in organizations: a stale – of – the – science review, prospective commentary and guiding framework [J]. Journal of Management, 2014, 40 (5): 1297 –1333.

[37] Andrew K., Arash A., Stephan M. W. The influence of different knowledge workers on innovation strategy and product development performance in small and medium – sized enterprises [J]. International Journal of Production Research, 2015, 53 (8): 2489 –2505.

[38] Andries P., Czarnitzki D. Small firm innovation performance and employee involvement [J]. Small Business Economics, 2014, 43 (1): 21 –38.

[39] Atuahene G. K., Murray J. Y. Exploratory and exploitative learning in new product development: a social capital perspective on new technology ventures in China [J]. Journal of International Marketing, 2007, 15 (2): 1 –29.

[40] Bagozzi R. P., Lee H. M., VanLoo M. E. Decisions to donate bone marrow: the role of attitude and subjective norms across cultures [J]. Psychology and Health, 2001, 16 (1): 29 –56.

[41] Barron F. X., Feist G. J. Predicting creativity from early to late adulthood: intellect, potential, and personality [J]. Journal of Research in Personality, 2003, 37 (5): 62 –88.

[42] Bass B. M. Two decades of research and development transformational leadership [J]. European Journal of Work and Organizational Management, 1999, 8 (1): 9 –32.

[43] Bateman T. S., Crant J. M. The proactive component of organizational behavior: a measure and correlates [J]. Journal of Organizational Behavior, 1993, 14 (2): 103 –118.

[44] Benner M. J., Tushman M. L. Exploitation, exploration and process management: the productivity dilemma revisited [J]. Academy of Management Review, 2003, 28 (2): 238 –256.

[45] Benner M. J., Tushman M. L. Process management and technological innovation: a longitudinal study of the photography and paint industries [J]. Admin-

istration Science Quarterly, 2002, 47 (3): 676 – 706.

[46] Bharadwaj S., Menon A.. Making innovation happen in organizations: individual creativity mechanisms, organizational creativity mechanisms or both [J]. Journal of Product Innovation Management, 2000, 17 (5): 424 – 434.

[47] Bichardson H. A., Vandenberg R J.. Integrating managerial perceptions and transformational leadership into a work – unit level model of employee involvement [J]. Journal of Organizational Behavior, 2005, 26 (5): 561 – 589.

[48] Bruce. A new look at psychological climate and its relationships to job involvement, effect and performance [J]. Journal of Applied Psychology, 2009, 1 (4): 358 – 545.

[49] Caesens G., Marique G., Hanin D., et al. The relationship between perceived organization support and proactive behavior directed towards the organization [J]. European Journal of Work and Organizational Psychology, 2016, 25 (3): 398 – 411.

[50] Carmeli A., Gelbard R., Reiter – Palmon R. Leadership, creative problem solving capacity, and creative performance: the importance of knowledge sharing [J]. Human Resource Management, 2013, 52 (1): 95 – 121.

[51] Chang H. T., Hsu H. M., Liou J. W., et al. Psychological contracts and innovative behavior: a moderated path analysis of work engagement and job resources [J]. Journal of Applied Social Psychology, 2013, 43 (10): 2120 – 2135.

[52] Chang C. H., Ferris D. L., Johnson R. E., et al. Assessing core self – evaluations a review and evaluation of the literature [J]. Journal of Management, 2012, 38 (1): 81 – 128.

[53] Chen C., Leydesdorff L. Patterns of connections and movements in dual map overlays: a new method of publication portfolio analysis [J]. Journal of the Association for Information Science and Technology, 2014, 65 (2): 334 – 351.

[54] Chen C., Chen T., Horowitz M., et al. Towards an explanatory and computational theory of scientific discovery [J]. Journal of Informatics, 2009, 3 (3): 191 – 209.

[55] Chen C. Science Mapping: a systematic review of the literature [J]. Journal of Data and Information Science, 2017, 2 (2): 1 –39.

[56] Cherry K. Self – determination in a work organization [J]. Personnel Psychology, 2016, 69 (1): 67 –12.

[57] Chon S. How transformational leadership lactates innovative behavior of Koran workers [J]. Personnel Review, 2016, 15 (3): 159 –179.

[58] Combs R., RichardsP. A literature – based innovation output indicator [J]. Research Policy, 1996, 25 (3): 403 –413.

[59] Cong Y., Law S., Chang S., Xin R. Human resources management and firm performance: the difference role of managerial affective and continuance commitment [J]. Journal of Applied Psychology, 2009, 94 (1): 263 –275.

[60] Coombs W. T., Holladay S. J. Communication and attributions in a crisis: an experimental study in crisis communication [J]. Journal of Public Relations Research, 1996, 8 (4): 279 –295.

[61] Cooper R. G. Product innovation and technology strategy [J]. Research Technology Management, 2002, 43 (5): 311 –323.

[62] Creed P. A., Rogers M. E., Praskova A., et al. Career calling as a personal resource moderator between environmental demands and burnout in Australian junior doctors [J]. Journal of Career Development, 2014, 41 (6): 547 –561.

[63] Curry S. J., Clayton R. H. Business innovation strategies [J]. Business Quarterly, 1992, 41 (7) 121 –126.

[64] Davenport S., Campbell H., Solomon J. The dynamics of technology strategy: an exploratory study [J]. Research and Development Management, 2003, 33 (5): 481 –499.

[65] Dobrow S. R., Tosti K. J. Calling: the development of a scale measure [J]. Personnel Psychology, 2011, 64 (4): 1001 –1049.

[66] Domene J. F. Calling and career outcome expectations: the mediating role of self – efficacy [[J]. Journal of Career Assessment, 2012, 20 (3): 281 –292.

[67] Du S., Swaen V., Lindgreen A., Sen S. The roles of leadership styles

in corporate social responsibility [J]. Journal of Business Ethics, 2013, 11 (4): 155 - 169.

[68] Du Y., Zhang L., Chon Y. From creative process engagement to performance: bidirectional support [J]. Leadership Organization Development Journal, 2016, 37 (7): 966 - 982.

[69] Duffy R. D., Douglass R. P., Autin K. L., et al. Examining predictors and outcomes of a career calling among undergraduate students [J]. Journal of Vocational Behavior, 2014, 85 (3): 309 - 318.

[70] Egan T. M. Factors Influencing individual creativity in the workplace: an examination of quantitative empirical research [J]. Advances in Developing Human Resource, 2005, 7 (2): 160 - 181.

[71] Eisenberger R., Armeli S., Rexwinkel B. Reciprocation of perceived organizational support [J]. Journal of Applied Psychology, 2001, 86 (1): 42 - 51.

[72] Ekvall G. Organizational climate for creativity and innovation [J]. European Journal of Work and Organizational Psychology, 1996, 33 (5): 105 - 123.

[73] Ensor J., Pirrie A., Band, C. Creativity work environment: do UK advertising agencies have one? [J]. European Journal of innovation Management, 2006, 71 (9): 258 - 268.

[74] Feldhusen, J. F. Creativity: A knowledge base metacognitive skills, and personality factors [J]. Journal of Creative Behavior, 1995, 22 (4): 255 - 268.

[75] Fitzgerald S., Schutte D., Nicola S. Increasing transformational leadership through enhancing self - efficacy [J]. The Journal of Management Development, 2010, 29 (5): 495 - 505.

[76] George G. M., Zhou J. Dual tuning in a supportive context: joint contributions of positive mood, negative mood, and supervisory behaviors to employee creativity [J]. Academy of Management Journal, 2007, 50 (3): 605 - 622.

[77] Giannopoulou E., Gryszkiewicz L., Barlatier P. J. Creativity for service innovation: a practical based perspective [J]. Managing Service Quality: An International Journal, 2014, 24 (1): 14 - 23.

[78] Gong Y., Cheung S. Y., Wang M., et al. Unfolding the proactive process for creativity integration of the employee proactivity, information exchange, and psychological safety perspectives [J]. Journal of Management, 2012, 38 (5): 1611-1633.

[79] Greorgc J. M., Brief A. P. Feeling Good: a conceptual analysis of the mood at work organizational spontaneity relationship [J]. Psychological Bulletin, 1992, 112 (10): 310-329.

[80] Guan J. Comparison study on industrial innovation between China and some European countries [J]. Production and Inventory Management Journal, 2002, 43 (4): 30-46.

[81] Guay F., Boggiano A. K., Vallerand R. J. Autonomy support, intrinsic motivation, and perceived competence: conceptual and empirical linkages [J]. Personality and Social Psychology Bulletin, 2001, 27 (6): 643-650.

[82] Guay F., Vallerand R. J., Blanchard C. On the assessment of situational intrinsic and extrinsic motivation: the situational motivation scale [J]. Motivation and Emotion, 2000, 24 (3): 175-213.

[83] Guilford J. P. Three faces of intellect [J]. American Psychologist, 1959, 52 (14): 469-479.

[84] Gupta Z., Loon B. M. Combinative aspects of leadership style and emotional intelligence [J]. Leadership and Organization Development Journal, 2016, 37 (1): 107-125.

[85] Hackman J. R., Oldham G. R. Motivation through the design of work: test of a theory [J]. Organizational Behavior and Human Performance, 1976, 16 (13): 250-279.

[86] Haynes K. T., Hillman A. The effect of board capital and CEO power on strategic change [J]. Strategic Management Journal, 2010, 31 (11): 1145-1163.

[87] He Z. L., Wong P. K. Exploration and exploration: an empirical test of the ambidexterity hypothesis [J]. Organization Science, 2004, 15 (4): 481-494.

[88] Hoktzman Y. A strategy of innovation through the development of a portfo-

lio of innovation capabilities [J]. Journal of Management Development, 2014, 33 (1): 24-31.

[89] Honker N., Sonnentag S., Unger D. Transformational leadership and employee creativity: the mediating role of promotion focus and creative process endangerments [J]. Journal of Business and Psychology, 2015, 30 (2): 217-235.

[90] Hu J., Liden R. C. Making a difference in the teamwork: linking team prosocial motivation to team processes and effectiveness [J]. Academy of Management Journal, 2015, 58 (4): 1102-1127.

[91] Hughes P., Morgan R. E. Footingstrategicresources with product market strategy: performance implications [J]. Journal of Business Research, 2008, 61 (1): 323-331.

[92] Hunter S. T., Bedell K. F., Mumford M. D. Dimension of creative climate: a general taxonomy [J]. The Korean Journal of Thinking and Problem Solving, 2005, 15 (2): 97-116.

[93] Idris M. A., Dollard M. F., Tuckey M. R. Psychosocial safety climate as a management tool for employee engagement and performance: a multilevel analysis [J]. International Journal of Stress Management, 2015, 22 (2): 183-206.

[94] Isaksen S. G. The climate for transformation: lessons for leaders [J]. Creativity and Innovation Management, 2007, 16 (1): 3-15.

[95] Ishii K., Markman K. M. Online customer service and emotional labor: an exploratory study [J]. Computers in Human Behavior, 2016, 62 (5): 658-665.

[96] Jan D., Canan C., Ferdinand J. Knowledge workers' creativity and the role of the physical work environment [J]. Human Resource Management, 2011, 6 (11): 715-734.

[97] Jansen P., Van D. B., Volberda W. Exploratory innovation, exploitative innovation, and performance: effects of organizational antecedents and environmental moderators [J]. Management Science, 2006, 52 (11): 1661-1674.

[98] Janssen O. Innovative behavior and job involvement at the price of conflict and less satisfactory relations with co-workers [J]. Journal of Occupational and

Organizational Psychology, 2003, 45 (7): 347 -364.

[99] Janssen O., Yperen N. W. Employee's goal orientations, the quality of leader - member exchange, and the outcomes of job performance and job satisfaction [J]. Academy of Management Journal, 2004, 27 (3): 368 -384.

[100] Janssen O. Fairness perceptions as a moderator in the curvilinear relationships between job demands, and job performance and job satisfaction [J]. Academy of Management Journal, 2001, 44 (5): 1039 -1050.

[101] Janssen O. Job demands, perceptions of effort - fairness, and innovative owe behavior [J]. Journal of Applied Psychology, 2000, 84 (4): 680 -694.

[102] Jari J. H., Riku P., Salla T. T. Positive gain spirals at work: from job resources to work engagement. Personal Initiative and Work - Unit Effectiveness UJ. Journal of Vocational Behavior, 2008, 73 (1): 78 -91.

[103] Jiajun G., Anna E D., Richard G. Creativity and leadership in organizations: a literature review [J]. Creativity Theories Research Applications, 2016, 3 (1): 28 -46.

[104] Job B. K., Yang B., MeLean C. N. Employee creativity: the effects of perceived leading culture, leader - member exchange quality, Job autonomy, and proactivity [J]. Haman Resource Development International, 2014, 17 (3): 297 -317.

[105] Johanna O. S., Eva N., Emily A. H. Emotion relation strategies in depressive and anxiety symptoms in youth: a meta - analytic review [J]. Journal Youth Adolescence, 2017, 46 (2): 261 -276.

[106] Johnson J. L., Daily C. M., Ellstrand A. E. Boards of directors: a review and research agenda [J]. Journal of Management, 1996, 22 (1): 409 -438.

[107] Joo B. P., Sunyoung J. R. The effects of learning goal orientation. developmental needs awareness and self - directed learning on career satisfaction in the Korean public sector [J]. Human Resource Development International, 2013, 16 (3): 313 -329.

[108] Joost M., Leunissen C. S., Tim W. Organizational nostalgia lowers

turnover intentions by increasing work meaning: the moderating role of burnout [J]. Journal of Occupational Health Psychology, 2018, 23 (1): 44 -57.

[109] Jose G., Mampilly S. R. Psychological empowerment as a predictor of employee engagement: an empirical attestation [J]. Global Business Review, 2014, 1 (5): 93 -104.

[110] Judith V., Daniel S., Conrnelia N. Leader - member exchange job autonomy, and creative work involvement [J]. The Leadership Quarterly, 2012, 23 (1): 456 -465.

[111] Jung D. I. Transformational and transactional leadership and their effects on creativity in groups [J]. Creativity Research Journal, 2001, 13 (2): 185 -195.

[112] Kahn W. A. Psychological conditions of personal engagement and disengagement at work [J]. Academy of Management Journal, 1990, 15 (4): 692 -724.

[113] Kahn W. A. To be fully there: psychological presence at work [J]. Human Relations, 1992, 45 (4): 321 -349.

[114] Kamin M. Tasks interdependence and job design: test of a theory [J]. Organizational Behavior and Human Performance, 1983, 31 (2): 145 -172.

[115] Kanh W. A. Psychological conditions of personal engagement and disengagement at work [J]. Academy of Management Journal, 1990, 33 (4): 692 -721.

[116] Kanungo R. N. Measurement of job and work involvement [J]. Journal of Applied Psychology, 1982, 67 (3): 341 - 349.

[117] Keller R. T. Job involvement and organizational commitment as longitudinal predicators of job performance: astudy of scientists and engineers [J]. Journal of Applied Psychology, 1997, 82 (4): 539 -545.

[118] Kim C., Song J., Nerkar G. A Learning and innovation exploitation and exploration trade - offs [J]. Journal of Business Research, 2012, 65 (8): 1189 -1194.

[119] Kim T. Y., Hon A. H., Lee D. R. Proactive personality and employee creativity: the effect of job creativity requirement and supervisor support for creativity

[J]. Creativity Research Journal, 2010, 22 (1): 37 -45.

[120] Kimberley B., Arnold B. B., Evangelia D. Leader - Member exchange, work, engagement, and job performance [J]. Journal of Managerial Psychology, 2015, 30 (7): 754 -770.

[121] Kivimaki M., Vanhala A., Penttl J. Team climate, intention to leave and turnover among hospital employees: prospective cohort study [J]. BMC Health Services Research, 2007, 7 (1): 1 -8.

[122] Knutsonl L. Integrative leadership: an embodied practice [J]. Explore, 2015, 11 (5): 407 -409.

[123] Kosteas V. Job level changes and wage growth [J]. International Journal of Manpower, 2009, 30 (4): 269 -284.

[124] Kramier M. L., Wayne S. J., Jaworski R. A. Source of support and expatriate performance: the mediating role of expatriate adjustment [J]. Personnel Psychology, 2001, 54 (1): 71 -100.

[125] Kristof A. Person organization fit: an integrative review of its conceptualizations, measurement, and implications [J]. Personal Psychology, 1996, 49 (1): 1 -49.

[126] Kristof H., Ernst H. W, Marie A., V. Effects of cognitive control training on the dynamics of adaptive emotion regulation in daily life [J]. Emotion, 2016, 16 (7): 945 -956.

[127] Kuo K., Kuo H., Hol A. Enabling innovative ability: knowledge sharing as a mediator [J]. Industrial Management and Data Systems, 2014, 114 (5): 696 -710.

[128] Kuok A. H., Taormina R. J. Work engagement: evolution of the concept and a new inventory [J]. Psychological Thought, 2017, 10 (2): 262 -287.

[129] LanKau M. J., Scandura T. A. An investigation of personal learning in mentoring relationships content. Antecedents and consequences [J]. Academy of Management Journal, 2002, 45 (4): 779 -790.

[130] Lapierre J., Giroux V. P. Creativity and work environment in a high - tech

context [J]. Creativity and Innovation Management, 2003, 12 (1): 11 -23.

[131] Lawer D., Edward E., Lyman W. P. The effect of performance on job satisfaction [J]. Industrial Relations, 1967, 7 (1): 20 -28.

[132] Levinthal D. A., March J. G. The myopia of learning, innovative capacity, and managerial oversight [J]. Academy of Management Journal, 2016, 44 (2): 118 -131.

[133] Liden R. C., Wayne S. J., Sparrowe R. T. An examination of the mediating role of psychological empowerment on the relations between the job: Interpersonal relationships, and work outcomes [J]. Journal of Applied Psychology, 2010, 85 (3): 407 -416.

[134] Lin, H. F. Knowledge sharing and firm innovation capability: an empirical study [J]. International Journal of Manpower, 2007, 28 (3): 315 -332.

[135] Lin H., McDonough E. F. Investigating the role of leadership and organizational culture in fostering innovation ambidexterity [J]. IEEE, Transactions on Engineering Management, 2011, 58 (3): 497 -500.

[136] Ling Y. Y., Candies M. C. Characteristics of jobs and jobholders that affect job satisfaction and work performance of project managers [J]. Journal of Management in Engineering, 2013, 31 (3) 1 -10.

[137] Liu D., Liao H., Loi R. The dark side of leadership: a three - level investigation of the cascading effect of abusive supervision on employee creativity [J]. Academy of Management Journal, 2012, 55 (5): 1187 -1212.

[138] Love J. H., Roper S., Vahter P. Dynamic complementarities in innovation strategies [J]. Research Policy, 2014, 43 (10): 1774 -1784.

[139] Lowik S., Kraaaijenbrink J., Groen A. J. The team absorptive capacity triad a configurational study of individual, enabling, and motivating factors [J]. Journal of Knowledge Management, 2016, 20 (5): 1083 -1103.

[140] Luc D., Marloes L., Marinus V. On - the - job innovation: the impact of job design and human resource management through production ownership [J]. Creativity and innovation management, 2005, 14 (2): 129 -141.

[141] Luthans K. W., Jensen S. M. The linkage between psychological capital and commitment to organizational mission: a study of nurses [J]. The Journal of Nursing Administration, 2005, 35 (3): 304 -310.

[142] Maden, C. Linking high involvement human resource practices to employee proactivity [J]. Personnel Review, 2015, 44 (5): 720 -738.

[143] Madjar N., Oldham G. R., Pratt M. G. There's no place like? the contributions of work and nonwork creativity support to employees' creative performance [J]. Academy of Management Journal, 2002, 45 (4): 757 -767.

[144] Maslach C, Leiter M P. Early predictors of job burnout and engagement [J]. Journal of Applied Psychology, 2008, 93 (3): 498 -512.

[145] Matthew J., Monnot N. Relational Interdependent self - construal with supervisor: scale development and conditional model of meaningfulness at work [J]. The Psychologist Manager Journal of Psychophysiology, 2016, 66 (2): 116 -124.

[146] May D. R., Gilson R. L., Harter L. M. The psychological conditions of meaningfulness, safety and availability and the engagement of the human spirit at work [J]. Journal of Occupational and Organizational Psychology, 2004, 77 (1): 11 -37.

[147] Messersmith J. Systems and performance [J]. Journal of Applied Psychology, 2011, 96 (6): 1105 -1118.

[148] Meyer R. D., Dalal R. S., Hermida R. A Review and synthesis of situational strength in the organizational sciences [J]. Journal of Management, 2010, 36 (1): 121 -140.

[149] Mika S. The four drives of innovation [J]. Business Journal, 2007, 11 (3): 33 -45.

[150] Mithaelson C., Pratt M. G., Grant A. M. Meaningful work: connecting business ethics and organization studies [J]. Journal of Business Ethics, 2014, 121 (1): 77 -90.

[151] Mohamed S. Z., Kamarul Z. A., Chowdhury H. Authentic Leadership, work engagement and organizational citizenship behaviors in petroleum company

[J]. International Journal of Productivity and Performance Management, 2016, 65 (6): 811-830.

[152] Morton T. Innovation: people and Implementation [J]. Management Decision, 1989, 27 (3): 5-14.

[153] Nerstad C. G., Richardsen A. M., Martinussen M. Factorial validity of the Utrecht Work Engagement Scale (UWES) across occupational groups in Norway [J]. Scandinavian Journal of Psychology, 2010, 61 (2): 326-333.

[154] Nie Y., Chua B. L., Yeung A. S. The importance of autonomy support and the mediating role of work motivation for well-being: testing self-determination theory in a Chinese work organization [J]. International Journal of Psychology, 2015, 50 (4): 245-255.

[155] Nnit S., Anat D. Z. Translating team creativity to innovation: the role of team composition and climate for innovation [J]. Journal of Management, 2013, 39 (3): 684-708.

[156] Onne J. Job perceptions of effort-reward fairness and innovation wonk behavior [J]. Journal of Occupational and Organizational Psychology, 2000, 73 (9): 287-302.

[157] Ouweneel E., Blane P. M., Schaufeli W. B., et al. Good morning, good day: a diary study on positive emotions, hope, and work engagement [J]. Human Relation, 2012, 65 (9): 1129-1154.

[158] Paauwe J. HRM and performance: achievement, methodological issues and prospects [J]. Journal of Management Studies, 2009, 46 (1): 129-142.

[159] Parker, S. K., Bindl, U. K., Strauss, K. Making things happen: a model of proactive motivation [J]. Journal of Management, 2010, 36 (1): 827-856.

[160] Parsons A. J. Building innovativeness in large U. S. corporations [J]. The Journal of Consumer Marketing, 1992, 9 (2): 35-50.

[161] Patterson M., Warr P., West M. Organizational climate and company productivity: The role of employee affect and employer level [J]. Journal of Occupational and Organizational Psychology, 2004, 77 (2): 193-216.

[162] Peri A., Horrigan B., Goldblatt E. The pebble in the pond: how integrative leadership can bring about transformation [J]. Explore: The Journal of Science and Healing, 2014, 10 (5): 1 - 14.

[163] Phan P. H., Wong P. K., Wang C. Antecedents to entrepreneurship among university students in Singapore: beliefs, attitudes and backgrounds [J]. Journal of Enterprising Culture, 2002, 10 (2): 151 - 174.

[164] Ping Q., He J., Chen C. How many ways to use citespace? A Study of user interactive events over 14 months [J]. Journal of the Association for Information Science and Technology, 2017, 68 (5): 1234 - 1256.

[165] Podsakoff S. R. Comparative results of gene therapy of adenosine deaminase deficiency with or without PEG - ADA withdrawal and myelosuppressive chemotherapy [J]. Blood, 2007, 49 (2): 327 - 340.

[166] Prajogo L. The strategic fit between innovation stratagoes and business environment in delivering business performance [J]. International Journal of Production Economics, 2016, 17 (2): 241 - 249.

[167] Praskova A., Creed P. A., Hood M. Self - Regulatory processes mediating between career calling and perceived employability and life satisfaction in emerging adults [J]. Journal of Career Development, 2014, 42 (2): 86 - 101.

[168] Puccio G. J., Talbot R. J., Examining creative performance in the workplace through a person environment fit model [J]. The Journal of Creative Behavior, 2000, 34 (4): 227 - 247.

[169] Qu R. J. Transformational leadership and follower creativity: the mediating role of follower relational identification and the moderating role of leader creativity expectation [J]. The Leadership Quarterly, 2015, 26 (2): 286 - 299.

[170] Qui M., Broeck A. V., Witte H. D. Do job resources affect work engagement via psychological empowerment? A mediation analysis [J]. Revista De Psicología Del Trabajo Y De Las Organizaciones, 2013, 29 (3): 127 - 134.

[171] Rafferty A. E., Criffin M. A. Dimensions of transformational leadership: conceptual and empirical extensions [J]. Leadership Quarterly, 2004, 15 (3):

329 - 354.

[172] Raisch S., Birkinshaw J., Probst G. Organizational ambidexterity: balancing exploitation and exploration for sustained performance [J]. Organization Science, 2009, 20 (4): 685 - 695.

[173] Raja U., Johns G. The joint effects of personality and job scope on in - role performance, citizenship behaviors, and creativity [J]. Human Relations, 2010, 63 (5): 981 - 1005.

[174] Rich B. L., Lepine J. A., Crawford E. R. Job engagement: antecedents and effects on job performance [J]. Academy of Management Journal, 2010, 53 (3): 617 - 635.

[175] Rieck R., Dickson K. A model of technology strategy [J]. Technology Analysis and Strategic Management, 1993, 12 (5): 397 - 412.

[176] Robert W., Verzerm J. Discontinuous innovation and the new production management [J]. Journal of Production Management, 1998, 15 (3): 304 - 319.

[177] Rothmann S., Hamukang A., Lukondo. Callings, work role fit, psychological meaningfulness and work engagement among teachers in Zambia [J]. South African Journal of Education, 2012, 33 (2): 689 - 691.

[178] Rthur J. B. Effects of human resource systems on manufacturing performance and turnover [J]. Academy of Management Journal, 2004, 37 (3): 670 - 687.

[179] Ryan R., Deci E. Self - determination theory and the facilitation of intrinsic motivation, social development and well - being [J]. American Psychologist, 2000, 55 (1): 141 - 166.

[180] Ryan R., Deci E. The "what" and "why" of goal pursuits: human needs and the self - determination of behavior [J]. Psychological Inquiry, 2000, 11 (5): 227 - 268.

[181] Schaufeli W. B., Bakker A. B., Salanova M. The measurement of work engagement with a short questionnaire: a cross - national study [J]. Educational and Psychological Measurement, 2016, 66 (4): 103 - 118.

[182] Schaufeli W. B., Bakker A. B. Job demands, job resources, and their relationship with burnout and engagement: a multi - sample study [J]. Journal of Organizational Behavior, 2004, 11 (3): 293 - 315.

[183] Schaufeli W. B., Martínez I. M., Marques P. A. Burnout and engagement in university students: a cross - national study [J]. Journal of Cross - Cultural Psychology, 2008, 33 (33): 464 - 481.

[184] Schaufeli W. B., Salanova M., Gouzalez - Roma V., et al. The measurement of cngagement and burnout: a two - sample confirmatory factor analytic approach [J]. Journal of Happiness Studies, 2002, 3 (1): 71 - 92.

[185] Schaufeli W. B. Work engagement, what do we know and where do we do? [J]. Romanian Journal of Applied Psychology, 2012, 14 (1): 3 - 10.

[186] Schaufeli W. B., Bakker A. B. Job demands, job resources, and their relationship with burnout and engagement: a multisampling study [J]. Journal of Organizational Behavior, 2004, 25 (3): 293 - 315.

[187] Schneider B., Reichers A. E. On the etiology climates [J]. Personnel Psychology, 1983, 36 (1): 19 - 39.

[188] Schoufcli W. B., Salanova M., Gonzálezromá V., et al. The measurement of engagement and burnout: a two sample confirmatory factor analytic approach [J]. Journal of Happiness Studies, 2002, 3 (1): 71 - 92.

[189] Scott S. G., Bruce R. A. Determinants of innovativebehavior: a path model of individual innovation in the workplace [J]. Academy of Management Journal, 1994, 37 (3): 580 - 607.

[190] Scutto V., Giudice M. D., Carayannis E. G. The effect of social networking sites and absorptive capacity on SMES'innovation performance [J]. Journal of Technology Transfer, 2017, 42 (2): 409 - 424.

[191] Seibert S. E., Crant J. M., Kraimer M. L. Proactive personality and career success [J]. Journal of Applied Psychology, 1999, 84 (3): 416 - 427.

[192] Shahraki M., Keshtegar A. The relationship between knowledge management with creativity and innovation [J]. The Social Sciences, 2016, 11 (6):

922 - 927.

[193] Shalley C. E. , Gilson L. L. , Blum T. C. Interactive effects of growth need strength, work context, and job comp - lexity on self - reported creative performance [J]. Academy of Management Journal, 2009, 52 (3): 489 - 505.

[194] Shalley C. E. , Gilson L. L. , Blum T. C. Matching creativity requirements and the work environment: effects on satisfaction and intentions to leave [J]. Academy of Management Journal, 2000, 43 (2): 215 - 223.

[195] Shalley C. E. , Gilson L. L. What leaders need to know: a review of social and contextual factors that can foster or hinder creativity [J]. The Leadership Quarterly, 2004, 15 (1): 33 - 53.

[196] Shalley C. E. , Gilson L. L. , Blum T. C. Interactive effects of growth and strength need strength, work context, and job complexity on self - reported creative performance [J]. Academy of Management Journal, 2014, 3 (52): 765 - 778.

[197] Shalley C. E. , Zhou J. , Oldham G. R. The effects of personal and contextual characteristics on creativity: where should we go from here? [J]. Journal of Management, 2004, 30 (6): 933 - 958.

[198] Shih S. S. The effects of autonomy support versus psychological control and work engagement versus academic burnout on adolescents' use of avoidance strategies [J]. School Psychology International, 2013, 34 (3): 330 - 347.

[199] Shirom A. Feeling vigorous at work? the construct of vigor and the study of positive affect in organizations [J]. Research in Occupational Stress and Well Being, 2003, 3 (6): 135 - 164.

[200] Shkan K. Creative and innovative leadership: measurement development and validation [J]. Management Research Review, 2017, 40 (10): 221 - 246.

[201] Simon H. A. Creativity in the arts and the scientist [J]. Kenyon Review. 2001, 62 (2): 78 - 103.

[202] Simonton D. K. Creativity: cognitive, personal, developmental, and social aspects [J]. American Psychologist, 2000, 55 (1): 151 - 158.

[203] Solow R. Technical change and the aggregate production function [J].

Review of Economics and Statistics, 1957, 11 (8): 312 – 320.

[204] Sooyeol K., YoungA. P., Lucile H. Daily micro – breaks and job performance: general work engagement as a cross – level moderator [J]. Journal of Applied Psychology, 2018, 52 (7): 151 – 170.

[205] Spiegelaere S., Van G., White H., Niesen H. On the relational of job insecurity: job autonomy, innovative work behavior and the mediating effect of work engagement [J]. Creativity and Innovation Management, 2014, 23 (3): 318 – 330.

[206] Steinberg R. J., Lubart I. T. Investing in creativity [J]. American Psychologist, 1996, 22 (7): 677 – 688.

[207] Stephen F. Y., Lisa A. S. Marrying personality and job resources and their effect on engagement via critical psychological stales [J]. The International Journal of Human Resource Management, 2016, 17 (2): 1 – 28.

[208] Steven S., Yi L. Human resource management practices on exit, voice, loyalty, and neglect: organization commitment as a mediator [J]. The International Journal of Human Resource Management, 2012, 23 (8): 1705 – 1716.

[209] Tieney P., Farmer S. M. Creative self – efficacy: its potential antecedents and relationship to creative performance [J]. Academy of Management Journal, 2002, 45 (6): 1137 – 1148.

[210] Tierney P., Farmer S. M., Graen G. B. An examination of leadership and employee creativity. The relevance of traits and relationships [J]. Personnel Psychology. 1999, 53 (3): 591 – 620.

[211] Uddin M. A. Exploring leadership style of Dr. Muhammad Yunus at Grameen Bank of Bangladesh [J]. Skyline Business Journal, 2015, 10 (1): 43 – 48.

[212] Waldman D. A., Ramirez G. G., House R. J., et al. Does leadership matter? CEO leadership attributes and profitability under conditions of perceived environmental uncertainty [J]. The Academy of Management Journal, 2001, 44 (1): 134 – 143.

[213] Walton R. E. From control to commitment in the workplace [J]. Har-

vard business Review, 2005, 63 (2): 77 -84.

[214] Wang S., Noe R., Wang Z. Motivating knowledge sharing in knowledge management systems: a quasi - field experiment [J]. Journal of Management, 2014, 40 (4): 978 -1009.

[215] Wayne S. J., Shore L. M., Bomner W. H. The role fair treatment and rewards in perception of organizational support and leader member exchange [J]. Journal of Applied Psychology, 2002, 87 (3): 590 -598.

[216] Wefald A. J., Downey R. G. Construct dimensionality of engagement and its relation with satisfaction [J]. The Journal of Psychology, 2009, 143 (1): 91 -111.

[217] West M. A., Anderson N. R. Innovation in top management teams [J]. Journal of Applied Psychology, 1996, 81 (5): 680 -693.

[218] West M. A. Sparkling fountains or stagnant ponds an integrative model of creativity and innovation implementation in work groups [J]. Applied Psychology: An International Review, 2002, 51 (3): 355 -387.

[219] Xanthopoulou D., Bukker A. B., Demerouti E. The role of personal resources in the job demands - resources model [J]. International Journal of Stress Management, 2007, 14 (2): 121 -141.

[220] Xie B., Xia M., Xin X., Zhou W. Linking calling to work engagement and subjective career success: the perspective of career construction theory [J]. Journal of Vocational Behavior, 2016, 94: 70 -78.

[221] Y. Guo, J. Liao, S. Liao, Y. Zhang. The mediating role of Intrinsic motivation on the relationship between developmental feedback and employee job performance [J]. Social Behavior and Personality, 2014, 42 (5): 731 -742.

[222] Yaping G., Law K. S., Chang S., et al. Human resources management and firm performance: the differential role of managerial affective and continuance commit [J]. Journal of Applied Psychology, 2009, 94 (1): 263 -275.

[223] Yuan F., Woodman R. W. Innovational behavior in the workplace: the role of leadership and image outcome expectation [J]. The Academy of management

Journal，2010，53（2）：323－342.

［224］Zhang X. M. Motivation and creative process engagement［J］. Academy of Management Journal，2015，21（4）：175－219.

［225］Zhang X.，Bartol K. M. Linking empowering leader－ship and employee creativity：the influence of psychological empowerment intrinsic motivation，and creative process engagement［J］. Academy of Management Journal，2010，53（1）：107－128.

［226］中国劳动力市场网站：http：//www. lm. gov. cn/.

［227］劳动与社会保障部．高技能人才培养体系建设“十二五”规划纲要（2006－2010），2007.

［228］［英］亚当·斯密．国富论：国民财富的性质和起因的研究［M］. 谢祖钧等译．长沙：中南大学出版社，2003.

［229］［美］马斯洛．人类激励理论［M］. 石含英，王荣祯译．世界管理经典著作精选［M］. 北京：企业管理出版社，1995.

［230］陈悦，陈超美，胡志刚，王贤文．引文空间分析原理与应用：Citespace 实用指南［M］. 北京：科学出版社，2018.

［231］陈晓萍，徐淑英，樊景立．组织与管理研究的实证方法（第二版）［M］. 北京：北京大学出版社，2014.

［232］杜智敏．抽样调查与 SPSS 应用［M］. 北京：电子工业出版社，2012.

［233］傅家冀．技术创新技术学［M］. 北京：中国经济出版社，1992.

［234］黄胜平．中国自主创新探路［M］. 北京：人民出版社，2007.

［235］李杰，陈超美．Citespace：科技文本挖掘及可视化［M］. 北京：首都经济贸易大学出版社，2019.

［236］李玉光，杜宏巍，黄永生．SPSS 统计分析与提高［M］. 北京：清华大学出版社，2014.

［237］李兆友．技术创新主体论［M］. 沈阳：东北大学出版社，2002.

［238］刘晓琴，龙嘉．创新型领导对员工职场创新行为的影响——基于创新自我效能和组织创新氛围中介作用［J］. 人才资源开发，2022（9）：

73－75.

［239］彭健伯．创新哲学论［M］．北京：人民出版社，2006.

［240］王孟成．潜变量建模与 Mplus 应用［M］．重庆：重庆大学出版社，2014.

［241］王世豪．中小企业自主创新［M］．上海：上海财经大学出版社，2007.

［242］吴振海．不对称创新——挑战者的成功之道［M］．北京：北京师范大学出版社，2007.

［243］杨名声．创新与思维［M］．北京：教育科技出版社，2002.

［244］张建华．创新，激励与经济发展［M］．武汉：华中理工大学出版社，2000.

［245］赵玉林．创新经济学［M］．北京：中国经济出版社，2006.

［246］赵中建．创新引领世界——美国创新和竞争力战略［M］．上海：华东师范大学出版社，2007.

［247］蔡启通．组织因素，组织成员整体创造性与组织创新之关系［D］．台湾大学商学研究所，中国台湾，1997.

［248］霍建明．高技能人才能力建设［D］．中国地质大学（北京）博士论文，2010.

［249］吴淑芳．大学教育与人的创新素质发展［D］．华东师范大学博士论文，2013.

［250］丁惠炯．内蒙古技能型人才培养与使用政策实施研究［D］．吉林大学博士学位论文，2013.

［251］Aftab U. M.，罗帆，徐畅．变革型领导对知识型员工创造过程参与的影响——以内生动机为中介变量［J］．武汉理工大学学报（社会科学版），2018，31（1）：78－85.

［252］卞华．影响企业人才创新素质的思想品德因素［J］．企业经济，2004（8）：16－21.

［253］蔡建明，叶文琴．组织对员工的忠诚，员工的工作满意感和组织忠诚感与员工绩效［J］．软科学，2006，20（3）：119－128.

［254］陈明淑，申海鹏．组织内信任，敬业度和工作绩效关系的实证研究［J］．财经理论与实践，2015（3）：113－118.

［255］陈维政，徐兰，胡冬梅．心理资本对员工工作投入，工作满意和离职倾向的影响［J］．重庆理工大学学报（社会科学版），2012，26（1）：18－25.

［255］陈雅兰，张晓明，戴顺治，卢忠鸣，童雪丹，陈伟．原始性创新驱动因素与创新绩效相关性研究［J］．科研管理，2017，38（10）：10－21.

［257］单娟，吴珂珂，Dominique B. J.．企业创新战略对绩效的影响机制——基于电子制造企业的实证分析［J］．华东经济管理，2015，29（2）：130－135.

［258］杜雯秦，郭淑娟．企业异质性、研发投入与创新绩效——基于GPS的实证研究［J］．科技管理研究，2021，41（23）：124－132.

［259］丁琳，张华．不同组织环境下领导与员工创造力的权变关系研究［J］管理世界，2013，25（7）：111－119.

［260］段云龙，向刚，赵明元．我国企业持续创新过程的二次创新战略研究［J］．华东科技管理，2006，12（20）：35－39.

［261］房国忠，王晓钧．基于人格特质的创新型人才素质模型分析［J］．东北师大学报（哲学社会科学版），2007（5）：106－109.

［262］顾远东，彭纪生．技术创新效能感对技术创新绩效的影响——基于社会认知理论的分析［J］．中国科技论坛，2011（2）：21－26.

［263］顾远东，彭纪生．组织创新氛围对员工创新行为的影响：创新自我效能感的中介作用［J］．南开管理评论，2010，12（1）：30－41.

［264］管春英．包容性领导对员工创新行为的多链条作用机制研究［J］．科学学与科学技术管理，2016（6）：159－168.

［265］管平．知识，能力，素质与高技能人才成长模式研究［J］．机械职业教育研究，2006（1）：9－12.

［266］郭云，廖建桥．上级发展性反馈对员工工作绩效的作用机理研究［J］．管理科学，2014（1）：99－108.

［267］韩晨，高山行．企业能力对产品创新战略构建的异质性作用［J］．科学性研究，2018，36（9）：1677－1685.

[268] 韩翼，廖建桥，龙立荣．雇员工作绩效结构模型构建与实证研究［J］．管理科学学报，2007（5）：62－77.

[269] 韩翼．工作绩效与工作满意度，组织承诺和目标定向的关系［J］．心理学报，2008，15（1）：34.

[270] 韩翼．真实型领导，心理授权与员工创新行为——领导成员交换的调节作用［J］．管理世界，2011（12）：78－87.

[271] 何建文．创新人才胜任力构成要素的实证研究［J］．科技管理研究，2011（2）：145－148.

[272] 何巧云，严中华，关冬梅．跨层面研究视角下的社会资本与创新绩效——理论框架与实证模型［J］．技术经济与管理研究，2011，32（6）：36－39.

[273] 何应林．高技能人才概念研究［J］．职教论坛，2006（1）：16－20.

[274] 何铮，谭劲松，陆圆圆．组织环境与组织战略关系的文献综述及最新研究动态［J］．管理世界，2006（11）：144－151.

[275] 黄俊，贾程，桂梅．公仆型领导对员工主动创新行为的影响——基于领导部属交换与员工工作投入的中介作用［J］．科技进步与对策，2015（21）：145－150.

[276] 黄俊，贾煜，秦颖，陈波．员工感知的企业员工责任会激发员工创新行为吗？——工作满足和工作投入的中介作用［J］．科技进步与对策，2016，33（22）：116－121.

[277] 黄勇，彭纪生．组织内信任对员工负责行为的影响——角色宽度自我效能感的中介作用［J］．软科学，2015，29（1）：74－77.

[278] 贾建锋，唐贵瑶，李俊鹏．高管胜任特征与战略导向的匹配对企业绩效的影响［J］．管理世界，2015（2）：120－132.

[279] 贾良定．愿景型领导：中国企业家的实证研究及其启示［J］．管理世界，2004（2）：84－96.

[280] 姜滨滨，匡海波．基于“效率—产出”的企业创新效绩评价——文献评述与概念框架［J］．科研管理，2015，36（3）：71－79.

[281] 蒋天颖，张一青，王俊江．战略领导行为，学习导向，知识整合和组织创新绩效 [J]．科研管理，2009，30 (6)：48-55.

[282] 焦豪，魏江，崔瑜．企业动态能力构建路径分析 [J]．管理世界，2008 (4)：92-106.

[283] 金盛华，郑建君，丁洁．组织创新气氛的概念，测量及相关研究热点 [J]．心理学探新，2008，107 (3)：67-72.

[284] 廖扬眉．习近平新时代科技创新人才观 [J]．学理论，2022 (5)：8-10.

[285] 李宏贵，曹迎迎，杜运周．动态制度环境下企业创新的战略反应 [J]．管理学报，2018，15 (6)：856-864.

[286] 李超平，时勘．变革型领导的结构与测量 [J]．心理学报，2005，37 (2)：803-811.

[287] 李超平，时勘．分配公平与程序公平对工作倦怠的影响 [J]．心理学报，2003，35 (5)：677-684.

[288] 李超平，田宝，时勘．变革型领导与员工工作态度：心理授权的中介作用 [J]．心理学报，2006，38 (2)：297-307.

[289] 李伟，梅维霞．内在动机，工作投入与员工绩效：基于核心自我评价的调节效应 [J]．经济管理，2012，34 (9)：77-90.

[290] 李永占．变革型领导对员工创新行为的影响：心理授权与情感承诺的作用 [J]．科研管理，2018，39 (7)：123-130.

[291] 李永周，王月，阳静宁．自我效能感，工作投入对高新技术企业研发人员工作绩效的影响研究 [J]．科学学与科学技术管理，2015，36 (2)：173-180.

[292] 连欣，杨百寅，马月婷．组织创新氛围对员工创新行为影响研究 [J]．管理学报，2013 (7)：985-992.

[293] 林蒙艳，王子彬．创新驱动背景下中小型企业创新人才培养模式及对策研究 [J]．经营与管理，2022 (6)：88-93.

[294] 林新奇，丁贺．人岗匹配对员工创新行为的影响机制研究——内部人身份感知和创新自我效能感的作用 [J]．商业经济与管理，2017，37

(7): 37 - 44.

[295] 林新奇，徐洋洋．未来工作自我清晰度与员工反馈寻求行为的关系：变革型领导和工作投入的影响 [J]. 管理评论，2021，33 (7)：216 - 226.

[296] 刘晓燕，郝春东等．组织职业生涯管理对职业承诺和工作满意度的影响——职业延迟满足的中介作用分析 [J]. 心理学报，2007，39 (4)：715 - 722.

[297] 刘云，石金涛，张文勤．创新气氛的概念界定与量表验证 [J]. 科学学研究，2007，27 (2)：289 - 294.

[298] 刘云，石金涛．基于 KEYS 的组织创新气氛量表开发 [J]. 工业工程与管理，2009，12 (4)：51 - 63.

[299] 刘云，石金涛．组织创新气氛对员工创新行为的影响过程研究——基于心理授权的中介效应分析 [J]. 企业管理，2010，11 (8)：133 - 144.

[300] 刘云．组织创新气氛与激励偏好对员工创新行为的交互效应研究 [J]. 管理世界，2009 (10)：88 - 114.

[301] 刘志迎，付丽华．中小企业创新战略选择：先前经验与环境感知——基于双案例的探索性研究 [J]. 管理案例研究与评论，2016 (2)：150 - 161.

[302] 陆昌勤，凌文辁，方俐洛．管理者自我效能感与管理者工作态度和绩效的关系 [J]. 北京大学学报（自然科学版），2006，42 (3)：276 - 280.

[303] 骆静，廖建桥．企业员工工作投入研究综述 [J]. 外国经济与管理，2007 (5)：40 - 46.

[304] 吕萍，柳卸林．企业全球化创新战略选择及其影响因素——基于北京地区企业的实证研究 [J]. 研究与发展管理，2011，37 (4)：50 - 58.

[305] 毛凯军．技术创新理论回顾与探讨 [J]. 科学学与科学技术管理，2005 (10)：55 - 59.

[306] 彭剑锋，荆晓娟．创新 + 人才汇集 + 风险投资——中国经济未来发展的新动力 [J]. 中国人力资源开发，2003 (3)：6 - 9.

[307] 祁大伟，吴晓丹．"良师益友"能留住员工吗？——领导者情绪智力，团队成员交换对员工离职意向的跨文化研究 [J]. 中国人力资源开发，2015 (9)：56 - 61.

[308] 钱白云. 组织创新气氛与中小企业员工创新行为：工作投入的中介作用 [J]. 人类工效学, 2011, 17 (2): 28-46.

[309] 任华亮, 杨东涛, 李群. 工作价值观和工作投入的关系——基于工作监督的调节效应 [J]. 经济管理, 2014, 36 (6): 75-85.

[310] 石冠峰, 牛宇霖, 刘朝辉. 多层次导向的变革型领导与多层面创造力：知识分享与观点采择的跨层中介作用 [J]. 管理评论, 2020, 32 (10): 217-228.

[311] 史会斌, 陈金亮, 杨东. 战略导向对外部创新搜索策略的影响 [J]. 技术经济, 2017, 36 (1): 14-21.

[312] 史宪睿, 金丽, 孔伟. 企业集成创新能力的概念及其基本模型 [J]. 科技管理模型, 2006, 26 (7): 24-29.

[313] 宋典, 袁勇志, 张伟炜. 创业导向对员工创新行为影响的跨层次实证研究以创新氛围和心理授权为中介变量 [J]. 科学学研究, 2011, 29 (8): 266-273.

[314] 苏伟琳, 林新奇, 丁贺. 核心自我评价对员工创新行为的影响机制——工作投入的中介作用 [J]. 软科学, 2018, 32 (7): 52-55.

[315] 苏中兴, 张雨婷, 曾湘泉. 组织创新战略如何转换为员工创新行为? ——以中关村 IT 行业为例 [J]. 中国人民大学学报, 2015, 12 (5): 102-112.

[316] 孙金梅, 黄清. 企业集成创新要素及评价指标体系 [J]. 东北林业大学学报, 2006, 34 (3): 12-23.

[317] 孙锐. 薪酬, 授权, 培训, 职业发展与组织创新关系研究 [J]. 科研管理, 2010, 31 (2): 57-64.

[318] 孙霞. 高校何以培养创新人才——大学生问题意识的视角 [J]. 南通大学学报 (社会科学版), 2012 (11): 89-93.

[319] 孙尚, 耿家营, 李洁. 变革型领导对新生代员工工作绩效的影响研究——基于职业满意度的中介作用 [J]. 哈尔滨学院学报, 2021, 42 (3): 31-35.

[320] 唐小慧, 杨东涛, 栾贞增, 安彦蓉. 主动性人格对员工创造力的

影响 [J]. 软科学, 2018, 32 (4): 82 - 85.

[321] 王灿昊, 段宇锋. 不同领导风格, 知识积累与组织双元性创新: 能力柔性的调节作用 [J]. 科技进步与对策, 2018, 35 (23): 17 - 26.

[322] 王莹, 赵天瑞. 高校劳动创新型人才培养模式的探索与实践 [J]. 人才资源开发, 2023 (24): 38 - 40.

[323] 王健菊, 但婕, 杨诚. 企业技能人才能力模型的构建 [J]. 统计与决策, 2012 (20): 187 - 188.

[324] 王黎莹, 陈劲, 阮爱君. 创新型工程科技人才的胜任力结构及培养 [J]. 高等工程教育研究, 2008 (12): 21 - 25.

[325] 王林雪, 卓娜. 领导风格, 组织认同对创新型人才创新能力的影响研究 [J]. 科学管理研究, 2014, 32 (5): 102 - 105.

[326] 王艳子, 罗瑾琏. 目标取向员工创新行为的影响研究 [J]. 科学学与科学技术管理, 2011, 32 (5) 164 - 169.

[327] 王养成, 赵飞娟. 基于3Q的四维度创新型科技人才素质模型 [J]. 科技进步与对策, 2010 (9): 149 - 153.

[328] 王祯, 陈乐妮, 李旭培. 变革型领导与工作投入: 基于情感视角的调节中介模型 [J]. 管理评论, 2015 (9): 120 - 129.

[329] 王智宁, 高放, 叶新凤. 创造力研究述评: 概念, 测量方法和影响因素 [J]. 中国矿业大学学报 (社会科学版), 2016 (1): 56 - 67.

[330] 温志毅. 工作绩效的四因素结构模型 [J]. 首都师范大学学报 (社会科学版), 2005 (5): 105 - 111.

[331] 温忠麟, 叶宝娟. 有调节的中介模型检验方法: 竞争还是替补? [J]. 心理学报, 2014, 46 (5): 714 - 726.

[332] 温忠麟. 有中介的调节变量和有调节的中介变量 [J]. 心理学报, 2006, 38 (3): 448 - 452.

[333] 卫洁, 张永胜, 牛冲槐. 知识惯性下科技型人才知识创新提升研究 [J]. 科学管理研究, 2021, 39 (3): 132 - 137.

[334] 吴崇, 胡汉辉, 吕魁. 基于动态核心能力的企业知识创新战略选择研究 [J]. 科学学研究, 2009, 11 (6): 947 - 954.

[335] 栗芳芳，伍诗雨，赖黎．管理者特征与企业创新活动研究 [J]．东北财经大学学报，2020 (2)：61－69.

[336] 许竞．对我国“高技能人才”概念及养成问题的反思——基于国内文献的批判性分析 [J]．河北师范大学学报（教育科学版），2011 (3)：63－67.

[337] 许勤，席猛，赵曙明．基于工作投入与核心自我评价视角的辱虐管理与员工主动行为研究 [J]．管理学报，2015，12 (3)：347－354.

[338] 向琳．国内创新绩效研究的进展与前沿态势 [J]．西华大学学报（哲学社会科学版），2022，41 (3)：105－116.

[339] 杨百寅，连欣，马月婷．中国企业组织创新氛围的结构和测量 [J]．科学与科学技术，2013 (8)：43－55.

[340] 杨进，李明昊，杨韵琪．变革型领导对员工创造力的作用机制：一个有调节的中介模型 [J]．西南科技大学学报（哲学社会科学版），2021，38 (5)：83－91.

[341] 杨立新，李元．企业技术创新战略研究——基于企业能力理论的探讨与启示 [J]．大连理工大学学报（社会科学版），2002，11 (3)：26－30.

[342] 杨梦园．真实型领导，内部动机与员工创新行为的关系研究 [J]．武汉商学院学报，2016，30 (3)：61－63.

[343] 姚梅芳，宫俊梅．学习导向与资源调配的交互对双元创新的影响——基于政治网络调节作用的研究 [J]．武汉大学学报（哲学社会科学版），2022，75 (3)：93－103.

[344] 颐远东，彭纪生．创新自我效能感对员工创新行为的影响机制研究 [J]．科学管理，2011 (9)：63－73.

[345] 俞立平，沈洁．创新政策与创新水平的时空演变及协调关系 [J]．科技管理研究，2021，41 (24)：35－42.

[346] 张大鹏，孙新波，钱雨．领导风格与组织创新战略导向匹配对企业转型升级的影响 [J]．技术经济，2017，36 (3)：79－88.

[347] 张海涛，龙立荣．领导风格与企业战略协同对创新气氛的内在机

理研究［J］. 科学学与科学技术管理，2015，36（6）：114－125.

［348］张海涛，龙立荣. 组织创新气氛影响因素研究综述［J］. 科技管理研究，2014（7）：115－122.

［349］张鹏程，刘文兴，廖建桥. 魅力型领导对员工创造力的影响机制：仅有心理安全足够吗？［J］. 管理世界，2011（10）：94－107.

［350］张毅，游达明. 科技型企业员工创新意愿影响因素的实证研究——基于TPB视角［J］. 南开管理评论，2014（4）：110－119.

［351］张征，王叶雨. 差异化变革型领导对员工创新绩效的跨层次影响［J］. 科技进步与对策，2020，37（12）：146－153.

［352］张振刚，余传鹏，李云健. 主动人格，知识分享与员工创新行为关系研究［J］. 管理评论，2016，28（4）：123－133.

［353］张振元. 创新型高技能人才相关研究综述［J］. 职业技术教育，2013（10）：23－28.

［354］赵斌，韩盼盼，赵风娜. 价值观匹配与员工创新行为——内部人身份感知和批判性思维的作用［J］. 软科学，2017，31（3）：83－91.

［355］张兰霞，张靓婷，毛孟雨，王乐乐. 领导成员交换对知识型员工创新行为的影响——基于工作家庭关系的视角［J］. 上海管理科学，2021，43（6）：81－90.

［356］赵洁，张晟路. 外部知识获取、内部知识分享与突变创新——双元创新战略的调节作用［J］. 科技进步与对策，2014，31（5）：127－131.

［357］赵铠，杨百寅，李全. 战略领导力，双元性学习与组织创新：一个理论模型的探析［J］. 科学学与科技管理研究，2016，37（3）：168－180.

［358］郑建君，金盛华，马国义. 组织创新气氛的衡量及其在员工创新能力与创新绩效关系中的调节效应［J］. 心理学报，2009，41（12）：1203－1214.

［359］郑建君，金盛华. 中国企业中员工创新能力与创新绩效的关系：以组织创新氛围为调节变量［J］. 心理与行为研究，2010，8（4）：274－278.

［360］郑建君，金盛华. 中国企业中员工创新能力与创新绩效的关系：以组织创新气氛为调节变量［J］. 心理与行为研究，2010（4）：274－278，306.

[361] 钟定国，卢丹. 家长式领导行为对员工工作投入的影响作用——基于领导成员交换的中介作用 [J]. 西安工业大学学报，2014 (1)：57 - 63.

[362] 周浩，龙立荣. 变革型领导对下属进谏行为的影响：组织心理所有权与传统性的作用 [J]. 心理学报，2012，44 (3)：388 - 399.